50 JAHRE STRÖCK

GERHARD STRÖCK (HG.)

DIE KUNST DES BROTES

TRADITION. HANDWERK. LEIDENSCHAFT.

50 JAHRE STRÖCK

Brandstätter

Inhalt

**Ich mag das Wahrhaftige.
Es schmeckt wie Brot.**
Jean Anouilh, französischer Dramatiker

**Ein Unternehmen zu gründen, ist
wie Kuchenbacken. Du musst davor
alle Zutaten im richtigen Verhältnis
beisammenhaben.**
Elon Musk, Pionier

**Die Menschen brauchen
nicht Freiheit, sie
brauchen Brot.**
Fjodor M. Dostojewski

**Brot essen ist keine
Kunst, aber Brot
backen.**
Deutsches Sprichwort

**Blues-Musik ist für den
Jazz, was die Hefe fürs
Brot ist. Ohne sie bleibt
alles flach.**
Carmen McRae, US-Jazz-Sängerin

Das ist genug Brot. Ich liebe Brot!
Don Vito Corleone in Der Pate

Besser zu viel Brot als zu wenig Wein.
Brasilianisches Sprichwort

Der Mensch begehrt nur zwei Dinge. Brot und Zirkusspiele.
Juvenal, Satiriker

Wer trocken Brot mit Lust genießt, dem wird es gut bekommen. Wer Sorgen hat und Braten isst, dem wird das Mahl nicht frommen.
Johann Wolfgang von Goethe, Dichter

Baker man is baking bread. You've got to cool down. Relax take it easy. Slow down relax.
Songtext aus Baker Man von Laid Back

Altes Brot ist nicht hart. Kein Brot: Das ist hart!
Altdeutsches Sprichwort

8

Backen wir's an!

Alles begann in einer kleinen Keller-Bäckerei in der Wiener Donaustadt. 50 Jahre später ist daraus eine große Geschichte geworden – angetrieben von viel Arbeit, jeder Menge Kreativität und der richtigen Mischung aus Innovation und Tradition.

Die Ströck-Story.

Von Reinhard Göweil

Zwischen Kittsee im nörd-
lichen Burgenland und Wien
liegen ziemlich genau 50 Kilometer Luftlinie. Ein Katzensprung im
21. Jahrhundert, mit dem Auto in 50 Minuten zu machen. Vor 50 Jahren war
das anders, von Kittsee nach Wien zu
gehen, war eine mutige, innovative Ent-
scheidung. Die traf der damals 48-jährige
Johann Ströck, Bäckermeister in Kittsee,
um in der Langobardenstraße in der
Wiener Donaustadt, dem 22. Wiener Gemeindebezirk, eine Bäckerei zu übernehmen und sie in Ströck umzubenennen.
Ein mutiges Unterfangen, die Donaustadt
ist damals bloß ein Randbezirk, doch
werden bereits große Bauvorhaben ange-
gangen – die Donauinsel, die U-Bahn. Es
regt sich etwas in der Wiener Peripherie.
Der älteste Sohn des Bäckermeisters ist
damals gerade zwölf Jahre alt, sein zwei-
ter Sohn Robert zehn.

Es ist die Zeit des Aufbruchs und des
Fortschritts in jeder Hinsicht. Als sich

der Kittseer 1969 entscheidet, beruflich
und später mit seiner Familie Abschied
zu nehmen, ist das für ihn ein echter
Sprung nach vorne, just in dem Jahr, in
dem mit Neil Armstrong der erste Mensch
seinen Fuß auf den Mond setzt. Nach der
sowjetischen Invasion der Tschechoslo-
wakei im Jahr 1968 tritt die Konfrontation
zwischen Ost und West in eine neue Phase
ein. Ein nuklearer Weltkrieg hätte die
Erde unbewohnbar gemacht und keine
Sieger hinterlassen, der Kalte Krieg fror
endgültig ein. Kittsee ist damals gewissermaßen ein letzter Außenposten der freien
Welt, hinter dem Grenzzaun beginnt der
Kommunismus. Gerade mal 14 Kilometer
sind es von hier nach Bratislava, der kleine
Ort liegt direkt an der Staatsgrenze zur
heutigen Slowakei, nach Ungarn sind es
bloß ein paar Kilometer mehr. Bäckermeister Johann Ströck lebte als freier
Unternehmer jahrelang praktisch am
Ende der Welt. Nun stehen in Kittsee die
Zeichen auf Aufbruch.

↑ Aufbruch in
eine neue Welt:
Die Bäckerei des
Johann Ströck
in Kittsee,
davor der Opel
Caravan, mit dem
nach Wien über-
siedelt wurde
← Der Kittseer
Bäckermeister (re.)
mit seinen
Kollegen

Die 1970er

Die Geschichte dieser Familie steht prototypisch für die Aufsteiger dieser und der nächsten Generation und den Aufholprozess, den sich Österreich in diesem Jahrzehnt verordnet hat und der schließlich darin mündet, dass die Wirtschaftsleistung pro Kopf höher ist als jene Deutschlands.

Am 1. März 1970 gewinnt Bruno Kreisky die Wahl und bildete eine Minderheitsregierung, am 1. Mai 1970 eröffnet Johann Ströck seine Bäckerei in der Wiener Donaustadt. Leistung, Sicherheit, Bildung und Zukunft – das sind jene Erwartungen, die Bruno Kreisky ins Bundeskanzleramt bringen. 48,5 Prozent geben ihm und der SPÖ ihre Stimme, obwohl nicht weniger als sieben stimmwerbende Parteien antreten. Gemeinsam mit seinem Finanzminister Hannes Androsch und den Sozialpartnern beginnt Kreisky die Nachkriegsära zu überwinden, es ist neben der Verstaatlichten die Zeit der Klein- und Mittelunternehmen gekommen, die Österreich bis heute prägen.

Die Donaustadt wird damals in der Bäckerzeitung als „Hoffnungsgebiet" bezeichnet, heute würde man es wohl „Stadtentwicklungsareal" nennen. Ende der 1960er leben hier, nordöstlich der Donau, rund 80.000 Menschen, bis heute hat sich die Zahl der Einwohner verdoppelt. Die

↑ Hoffnungsgebiet Donaustadt: Die 1970 frisch übernommene Bäckerei in der Langobardenstraße

DAS ABC DES BÄCKERS

A

AUFGEWACHT

Die beruflichen Anforderungen an Bäcker und Bäckerinnen sind groß. Nicht nur, weil sie früh aufstehen – in der Regel gegen zwei, drei Uhr morgens – und eine körperlich immer noch anspruchsvolle Arbeit zu verrichten haben. Ein Bäcker muss über enormes Fachwissen verfügen, etwa Kenntnisse zu Brot- und Gebäcksorten, die Berechnung der Zutaten, Knetdauer und Ofentemperatur. Dazu kommt das Bedienen von Maschinen und Werkzeugen – und das, wenn andere noch tief und fest schlummern.

Donaustadt spielt bis heute eine wesentliche Rolle im Leben und Arbeiten der Familie Ströck. Sie wohnt nicht nur im Bezirk, sondern hat auch ihre Bäckereibetriebe dort errichtet. Ein kurzer Blick in das unmittelbare Umfeld der Ströcks: Der 22. Bezirk hieß seit 1938 Groß-Enzersdorf, die gleichnamige Gemeinde in Niederösterreich gehörte damals zu Wien.

1954 wird Wien neu geordnet. Mehrere Dörfer – Kagran, Hirschstetten, Stadlau, Essling, Süßenbrunn, Breitenlee, Aspern sowie die Kolonie Kaisermühlen – bilden seither den 22. Bezirk. Er ist mit 103 Quadratkilometer der flächenmäßig größte Bezirk Wiens. Den Namen „Donaustadt" entlieh man sich kurzerhand von dem auf der anderen Seite der Donau gelegenen Bezirk, der Leopoldstadt. Dort hatte man die Bezeichnung lange zuvor für ein eigenes Entwicklungsgebiet ersonnen – die dann aber nie verwendet wurde. Dankbar griffen die Nachbarn vom gegenüberliegenden Flussufer zu, seitdem entwickelt sich der neue Bezirk prächtig.

Johann Ströck beweist also ein gutes Näschen, als er sich vor 50 Jahren für die Bäckerei in der Langobardenstraße 9 in Stadlau entscheidet, in der sich – natürlich – bis heute eine Ströck-Filiale befindet. Zwar läuft der Betrieb in Kittsee weiter, doch ist ihm klar, dass er den auslaufenden Pachtvertrag nicht verlängern wird. Bis 1973 führt seine Frau Hilda die Bäckerei im Nordburgenland, während Johann Ströck in Wien daran geht, die in einem Keller gelegene, gerade einmal 127 Quadratmeter kleine Backstube, in Betrieb zu nehmen. Vier Gesellen und ein Lehrling unterstützen bei der täglichen Arbeit.

Sohn Gerhard besucht noch die Hauptschule in Kittsee, dessen Bruder

↑ Bäckerlehrling Johann Ströck

Robert hat sich gerade in das Gymnasium in Neusiedl eingeschrieben. Der Vater ist meistens in Wien, die Mutter zuhause im Geschäft, beide eifrig mit dem Aufbau der Bäckerei beschäftigt – für Familienleben bleibt da nur wenig Zeit, typisch für die Aufsteiger-Generation in einer Zeit, in der „Kreisky und sein Team" das Land nach innen und außen öffnen und Schranken hinwegfegen.

Die Siebziger sind übrigens keine so sichere, gemütliche Zeit, wie heute gerne behauptet wird. 1973 und 1975 kommen in Österreich die Auswirkungen der Ölpreisschocks an, die Benzinpreise steigen, die Regierung verordnet autofreie Tage. Johann Ströck fährt in jenen ersten Jahren jeden Freitag die Märkte und die damals noch bestehenden Milchgeschäfte in der Donaustadt ab, um dort Brot, Striezel und Gugelhupf feilzubieten. Der tatsächliche Benzinverbrauch seines VW-Busses liegt deutlich höher als die überaus optimistische Angabe des Herstellers. Ein auch

Allerheiligen 1956

Zutaten: Preise:

1 kg Mehl   1 kg Mehl   3.80
0.2 Zucker   1 " Zucker   6.70
0.15 Fett   1 " Fett   13.—
0.5 Milch   1 l Milch   2.12
0.1 Turb   1 kg Turb   2.80
    Vanille   Vanille   0.55
    Rosinen   1 kg Rosinen 12.—

Zubereitungen:

2 × 30 kg = 60 kg Mehl   Beginn: 10⁰⁰

                                Ende: 17¹⁵ (Pefal)

660 St. à 1 S (100g)
31 St.   à 4 S (0.9 kg)
51 "   à 5 S (0.55)

───────────────────────────

Allerheiligen 1957   Beginn = 13⁰⁰ weil zu
                     Ende: 18⁰⁰ spät.

Zutaten: Preise: Zubereitungen:

1 kg Mehl   1 kg Mehl 3.75
0.68 Milch—Magen—   1 l Milch 0.50   70 kg Mehl
0.20 Zucker   1 kg Zucker 5.90   ──────────
0.10 Fett   1 " Fett 11.94   weil zu wenig!
0.03 Hefe   1 " Hefe   9.50   750 St 1 S (100g
0.01 Turb   1 " Turb   2.73   30 "   4 S (200g
0.05 Rosinen   4 " Rosinen 4.—   48 "   5 S (0.800g
0.01 Vanille   Vanille 0.60

↖ Erfolgsrezept: Ein Blick in Johann Ströcks Bäckerwissen. Ein früher Bestseller war der Allerheiligen-Striezel

↑ Noch ist nicht erkennbar, dass hier einer große Expansionspläne hat

↑ Johann und Hilda Ströck 1977

heute noch bekanntes Phänomen, das
seinerzeit dem noch relativ kleinen Unternehmer angesichts von Benzinpreisen,
die sich rasch vervierfacht hatten und auf
damals unvorstellbare zehn Schilling je Li-
ter gestiegen waren, durchaus zu schaffen
machte. Das politisch verordnete Energie-
Sparen gipfelt am 30. September 1974 in
der launigen Empfehlung von Kanzler
Kreisky an Österreichs Männer, sich doch
nass zu rasieren und so Strom zu sparen:
„Wer sich elektrisch rasiert", brummt
der bekennende Nass-Rasierer, „der
sollte daran denken, dass es auch andere
Rasierapparate gibt." Gerhard Ströck folgt
übrigens bis heute dem Kanzler-Rat –
zumindest, wenn es um Fragen der Rasur
geht. Der übersiedelt 1972 und nach Abschluss der Hauptschule in Kittsee nach
Wien zum Vater und geht auf die Handels-
schule, Bruder Robert besucht ab 1975 die

HTL in Mödling. Zu diesem Zeitpunkt
und nach Auslaufen des Pachtvertrags in
der Heimat ist die Familie wieder vereint.
Bis dahin war Vater Johann Ströck nur
an den Wochenenden nach Kittsee heim-
gefahren. „Wien ist Arbeit", sagt Gerhards
Frau Gaby noch heute. „Wien verlassen ist
Abschalten." Der Abschied aus dem Nordburgenland war aber kein endgültiger, bis
heute hat die Familie enge Verbindungen
in die Gemeinde.

Treibende Kraft für den Aufbruch
Richtung Wien ist nicht zuletzt Gerhards
Mutter Hilda, eine tatkräftige Frau, die
mit ihrem unternehmerischen Geist
tadellos in den gesellschaftlichen Wandel
dieser Zeit passt. Sie ist es, die ihren Mann
davon überzeugt, für die Expansion in der
Donaustadt einen Kredit aufzunehmen.
Und sie erkennt die wirtschaftlichen
Chancen. Was nicht unbedingt heißt, dass

die unbedingt nur im Bäckerei-Gewerbe liegen. Zumindest Gerhard sieht das so. Der Handelsschüler strebt eine Karriere als Bankangestellter an, aus einem recht prosaischen Grund, wie er sagt. „Ich wollte einfach schön angezogen sein. Banker trugen Anzüge. Und sie hatten damals enormes Sozialprestige. Bürgermeister, Lehrer, Pfarrer und der Bankdirektor – das waren die Chefs im Dorf. Bei den Bankern hat sich das mittlerweile ja geändert", schmunzelt Gerhard.

Die Ankunft in Wien ist für den 15-Jährigen der Eintritt in eine neue Welt, in der die Arbeit nicht ausgeht. An den Wochenenden fährt er mit dem Vater Brot und Kuchen aus, viele Kunden finden sich auf „fliegenden Märkten" in den gerade neu errichteten Gemeindebauten. Ab Ende der 1960er-Jahre gab es in Wien einen neuen „Boom" des kommunalen Wohnbaus. Zehntausende Einheiten wurden unter den Bürgermeistern Franz Jonas und Bruno Marek errichtet. In Simmering stehen in der Thürnlhofstraße zwei frisch aus dem Boden gestampfte Gemeindebauten, insgesamt 991 Wohnungen, die unter den recht prosaischen Bezeichnungen 841 und 842 firmieren, im 22. Bezirk entsteht in der Bernouillestraße der „Bundesländer-hof" – immerhin ein richtiger Name – mit nicht weniger als 1.093 Wohnungen.

Warum ausgerechnet diese beiden erwähnt werden? Weil die Ströcks hier besonders viele Abnehmer für ihre Backwaren finden und damit den Grundstein für die künftige Expansion des Betriebs legen. Der Mangel an Infrastruktur und Nahversorgern macht sich für die Neuankömmlinge bezahlt, die ganze Familie ist im Einsatz, verkauft Mischbrot, Sandwichwecken, Striezel und Gugelhupf

BROTESSER

Die Ägypter waren vor rund 10.000 Jahren die ersten Brotesser der Geschichte. Der tägliche Brotverbrauch eines (Pyramiden-)Arbeiters betrug rund 700 Gramm. Ein bis zwei Krüge Bier und drei bis vier Laibe Brot – einer entsprach etwa einer heutigen Semmel – galten als ausreichend für eine Tagesration.

„vom Wagen herunter" und vervielfacht so den Umsatz der Bäckerei in der Langobardenstraße. Auch hier kann man sich über fehlenden Zuspruch nicht beklagen, was nicht zuletzt am Bevölkerungsanstieg im Bezirk liegt – ganz im Gegensatz zur Bundeshauptstadt, die in jener Zeit einen Schwund an Einwohnern zu beklagen hat. In die Donaustadt hingegen bringt der Bau der UNO-City und hunderte Beschäftigte aus aller Herren Länder neue, kaufkräftige Kundschaft. Bei den Ströcks sind damals 20-Stunden-Tage keine Seltenheit.

Dann kommt 1977. In Spanien finden erstmals nach der Militärdiktatur freie Wahlen statt, Deutschland steht im Bann des Terrors der Rote Armee Fraktion (RAF), in Paris wird das Centre Pompidou eröffnet. ABBA sind total angesagt, David Bowie veröffentlicht *Heroes*, in den USA stirbt Elvis Presley. Dafür wird in Österreich die Erste Allgemeine Verunsicherung (EAV) gegründet. Gegen die Inbetriebnahme des AKW Zwentendorf regt sich erster Protest. 1977 ist ein einschneidendes Jahr, auch für die Familie Ströck. Bäckermeister Johann Ströck erleidet mit 55 Jahren einen Schlaganfall und ist fortan halbseitig gelähmt, die Söhne Gerhard und Robert, damals 19 und 17 Jahre alt, werden jäh aus ihren jeweiligen Zukunftsträumen gerissen. „Ich wollte eigentlich nie Bäcker werden", erinnert sich Gerhard, „doch nachdem mich meine Mutter Hilda gedrängt hat, habe doch eine Lehre begonnen. Aber eine zum Konditor. Das war mehr oder weniger Trotz." Mit dieser Mischung aus gewissem Eigensinn und dem Verantwortungsgefühl gegenüber dem Erbe, machen sich die Brüder schließlich daran, die Aufgabe zu schultern. Sie übernehmen die Bäckerei und führen sie fort.

Doch dieses 1977 hält noch einen weiteren prägenden Moment bereit: Wir schreiben den 28. Mai, einen Samstag – und Gerhard Ströck küsst in der Disco „Check Point" in Neusiedl am See eine junge Frau, Gaby. Beide kennen sich bereits

CROISSANT

Der Ursprung der beliebten Blätterteigspezialität liegt in der Wiener Küche. August Zang (1807–1888), Unternehmer, Erfinder und späterer Gründer der Tageszeitung *Die Presse*, übersiedelte in den 1830ern von Wien nach Paris und führte dort mit großem Erfolg das Wiener Gebäck (Viennoiserie) ein, speziell besagtes Kipferl, das in der Folge als Croissant zum beliebtesten Frühstücksgebäck avancierte.

aus gemeinsamen Kindergartentagen. Die aus Bruck/Leitha stammende Gaby wuchs bei ihrer Großmutter in Kittsee auf. 1977 wird daraus in Neusiedl schließlich Liebe, auch wenn es noch sechs Jahre dauern wird, bis sie schließlich heiraten. Das vor allem, weil die kommenden Jahre für den Konditor und Bäcker Gerhard und seinen Bruder Robert, der sein technisches Knowhow in den Betrieb einbringt, vollgepackt mit Arbeit sind. Was sie damals noch nicht wirklich absehen können.

Die 1980er

Am 1. Januar 1980 verwandeln Gerhard und Robert Ströck ihr Einzelunternehmen in eine Kommanditgesellschaft und teilen sie zu gleichen Teilen auf. Die

↑ Das erste Inserat aus dem Jahr 1979. Eine noch etwas zaghafte Annäherung an das Thema Werbung

16

Backwaren aller Art

GERHARD STRÜCK KG

BÄCKEREI

1220 Wien, Langobardenstr. 9
Tel. 22 11 99

↑ Frühes Logo aus dem Jahr 1980, darunter eine zielgruppenorientierte Botschaft

Gesellschaftsform hat sich zwar seither aufgrund der Größe des Unternehmens verändert, die Beteiligungsverhältnisse nicht. 1982 entsteht das bis heute verwendete Logo von Ströck, ein Vorarlberger Grafiker setzt dem Umlaut-O im Namen zwei Ähren auf. In dieser Zeit wird der Billa-Konzern, eine der größten Supermarkt-Ketten des Landes, auf die Donaustädter Backstube aufmerksam. Frisches Brot, damals in Supermärkten eine Innovation, soll in den Merkur-Filialen zum Verkauf angeboten werden. Die Konzern-Leitung gibt den Jung-Bäckern eine Chance – dabei wäre aus dem Einstieg beinahe nichts geworden. Als der zuständige Einkäufer Anton Zimmermann bei Gerhards Mutter in der Bäckerei auftaucht, glaubt die zuerst, dass es ihm nur darum geht, Ströck-Backwaren möglichst billig zu verschleudern. „Das hätten wir nicht gemacht", erzählt Gerhard, „aber die Merkur-Schiene war hochpreisig geplant, und so konnten wir uns einigen."

Ab 1985 werden die Merkur-Filialen beliefert. Ein riesiger Erfolg, der die Öfen in der Langobardenstraße gewissermaßen zum Glühen bringt. „Wir kamen gar nicht mehr damit nach, das Brot in den bestellten Mengen herzustellen und auszuliefern." Um die Nachfrage dennoch zu gewährleisten, muss völlig neu gedacht werden. Zeit für eine echte Innovation: Statt in der Stube zu backen, werden für die Backshops spezielle Teiglinge entwickelt, die erst in den Filialen vor Ort fertig gebacken werden. Was heute vertraut klingt, war damals in Österreich so gut wie unbekannt. Und hatte zur Folge, dass die Ware fortan noch frischer zum Kunden kam.

Während dieser Zeit der Neuausrichtung und Expansion finden Gerhard und Gaby Ströck dann doch Zeit, zu heiraten. 1983 war das, in jenem Jahr, in dem die SPÖ die absolute Mehrheit verliert und Bruno Kreisky zurücktritt. Ihm folgt der Burgenländer Fred Sinowatz nach.

→ 1982 werden Ströck die heute noch charakteristischen Ähren aufgesetzt

DAMPFBACKOFEN

Die moderne Backofenentwicklung setzte Ende des 19. Jahrhunderts mit dem gemauerten Dampfbackofen ein. Feuerung und Backraum waren getrennt (indirekte Beheizung), Dampferzeuger – sogenannte Schwadenapparate – sorgten für die erforderliche Feuchtigkeit im Backraum. Obwohl viele Bäcker dem Dampfbackofen anfangs skeptisch gegenüberstanden, entwickelte er sich rasch zu einem Qualitätsmerkmal. Bald schon prangte bei vielen das Gütesiegel „Dampfbäckerei" auf dem Firmenschild.

↑ Mit der Zahl der Kunden wächst auch der Einsatz in der Keller-Backstube

In der Donaustadt floriert das Geschäft, es wird gebacken „auf Teufel komm raus" (Gerhard Ströck). Während im Stadtgebiet kleine Bäckereien zusperren, geht es bei Ströck aufwärts. Familiär wird in diesem Jahrzehnt bei Gerhard und Gaby gewissermaßen ebenfalls expandiert: In den Jahren 1983, 1984 und 1987 kommen die Söhne Michael, Philipp und Christoph zur Welt. Bei Robert und Irene stellt sich mit Claus und Stefan ebenfalls Nachwuchs ein.

Wie überhaupt die 1980er ereignisreiche Jahre sind. 1986 wird – nach dem Ende der Koalition mit der FPÖ – Franz Vranitzky SPÖ-Vorsitzender und Bundeskanzler. Die Affäre rund um die Verstrickung von Bundespräsident Kurt Waldheim in NS-Kriegsverbrechen lösen erstmals eine breite Debatte über Österreichs Rolle während der Zeit des Nationalsozialismus aus. Jörg Haider übernimmt die FPÖ, die damals verstaatlichte Industrie, allen voran der Stahlkonzern Voest, geht de facto pleite. Auch die Industriebeteiligungen der verstaatlichten Banken Creditanstalt und Länderbank sorgen für gehörigen Ärger – und Milliarden-Subventionen in Schilling.

BÄCKEREI
GERHARD STRÖCK KG

1220 WIEN, LANGOBARDENSTRASSE 9

Wir haben unser Verkaufslokal neu gestaltet, um unseren Kunden eine bessere Übersicht und ein wenig mehr Freude beim Einkauf bieten zu können.

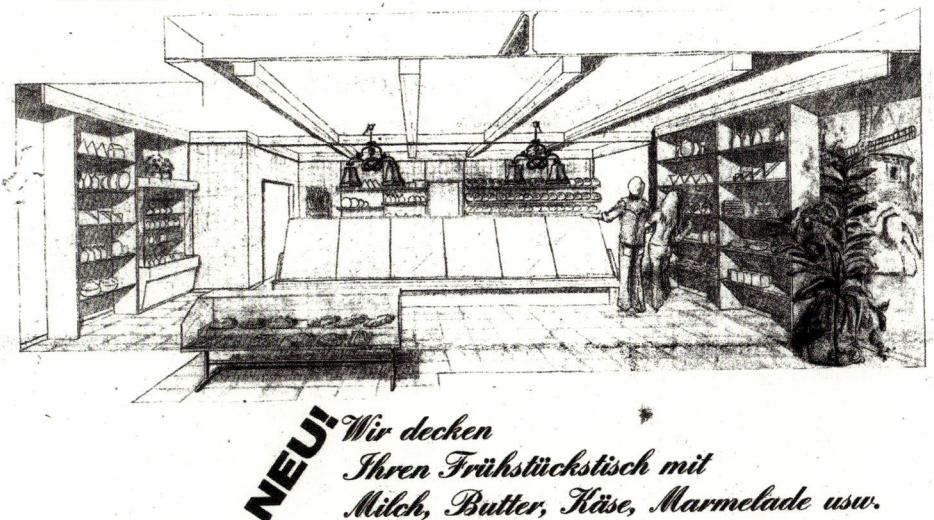

NEU! *Wir decken Ihren Frühstückstisch mit Milch, Butter, Käse, Marmelade usw.*

Ein kleiner IMBISS und viele SONDERANGEBOTE erwarten Sie

Unser Sonderangebot vom 30. August bis 4. September 1982:

Mohn- oder Nußstrudel	S ~~32,50~~	**S 26,50**
Krapfen 3 Stk.	S ~~24,60~~	**S 16,50**
Semmelwürfel 5 Stk.	S ~~11,50~~	**S 8,50**
Milchbrot 50 dag	S ~~26,50~~	**S 19,80**
Vollkornbrot 90 dag	S ~~17,50~~	**S 14,50**
Gugelhupf	S ~~36,50~~	**S 29,80**
Bröseln 100 dag	S ~~26,60~~	**S 18,90**

WIR FREUEN UNS AUF IHREN BESUCH

↑ Das modernisierte Geschäft in der Langobardenstraße samt verheißungsvoller Lockangebote

1986 wird ein in Österreich bis dahin eher unbekannter Claus Peymann Intendant am Wiener Burgtheater. Das von ihm inszenierte Stück *Heldenplatz* von Thomas Bernhard, mitten in die Waldheim-Debatte hinein platziert, sorgt für einen kulturpolitischen Wirbel der Sonderklasse.

Im April 1986 fliegt im damals sowjetischen Ort Tschernobyl ein Atomreaktor in die Luft. Die Menschen werden aufgefordert, nicht ins Freie zu gehen, Regen gilt angesichts des „Fallout" als gefährlich, Schwammerlsuchen wird verboten. Keine drei Jahre später verglüht dann gleich der gesamte Ostblock. 1989 setzt der Zusammenbruch des Realsozialismus ein, am 9. November fällt die Berliner Mauer.

Während in Deutschland Mauern fallen, werden in Wien-Donaustadt welche hochgezogen. In friedlicher Absicht, natürlich. Gegen Ende der 1980er-Jahre war die Backstube der Ströcks in der Langobardenstraße endgültig zu klein geworden, der Betrieb auf mittlerweile 23 Mitarbeiter angewachsen, die Familie wohnt im Stockwerk darüber. Bereits 1987 hatten die Ströcks in der Industrie-

straße, nicht weit weg vom Stammbetrieb, ein Grundstück mit alten Fabrikhallen erworben, auf dem Autos repariert und Folien hergestellt worden waren.

Bei Umbau und Sanierung packen auch die Brüder so gut wie jeden Tag mit an. In aller Früh aufstehen, um in der Bäckerei zu arbeiten, danach auf der Baustelle bis in den Abend hinein schuften – so sieht der typische Werktag für die Ströcks nun aus, Wochenenden inklusive. Immer an ihrer Seite, sowohl organisatorisch als auch tatkräftig: Gaby und Irene. Am 14. Mai 1989 ist es schließlich soweit. In der alten Backstube wird zum letzten Mal Brot hergestellt, am 16. Mai geht es im vergrößerten Ambiente neu los. Es ist die Zeit, in der der Bäckerei mehr oder weniger zufällig neue Kundschaft zuwächst, die türkischstämmigen Einwohner Wiens. Vor allem wegen des hellen Schweizerbrots kommen sie in die Donaustadt. „Damals gab es nur wenige türkischen Bäckereien, die Fladenbrot herstellen. Die Familien haben am Wochenende jeweils fünf bis sieben Kilo von dem Brot gekauft, die Leute sind bis hinaus auf die Straße gestanden", erinnert sich Gaby.

EARL OF SANDWICH

Er war Staatsmann, Meister der Korruption, fantasievoller Ehebrecher, Falschspieler, Blutschänder – und er verbrachte ganze Nächte am Spieltisch. Am 6. August 1762 soll John Montagu, 4. Earl of Sandwich, gegen drei Uhr morgens zwei Scheiben Roastbeef, dünn mit Mayonnaise und Meerrettich bestrichen, eingebettet in zwei Scheiben Weißbrot geordert haben, geschnitten in mundgerechte Dreiecke. Prompt bestellten auch seine Kumpane „so ein Brot wie von Sandwich". Die Geburtsstunde eines Begriffs, der seit 300 Jahren für den schnellen, schmackhaften Happen steht.

↖↑ 14. Mai 1989: Der letzte Arbeitstag in der alten Backstube

↑↓ Aus Bäcker- wird Baumeister: Ab 1987 wird eine alte Fabrikhalle in der Industriestraße kernsaniert und in eine moderne Bäckerei umgebaut

Die 1990er

Mit der neuen Zentrale beginnt die nächste Expansionsphase, die Bäckerei in der Donaustädter Industriestraße läuft auf Hochtouren, ab 1991 werden die Backwaren aus Transdanubien auch in Billa-Feinkostabteilungen gelistet. In diesem Jahr erfolgt der nächste große Schritt: Die ersten eigenen Ströck-Filialen werden eröffnet. Von den beiden starken Frauen in der Familie, Gaby und Irene, vorangetrieben, konzentriert sich das doppelte Unternehmer-Paar vorerst auf zwei Standorte, um das Geschäft zu erlernen und zu verstehen. Mitte der 1990er-Jahre sollte es dann Schlag auf Schlag gehen, jedes Jahr eröffnet Ströck fünf bis sieben Filialen. Die Belegschaft wächst jährlich um 120 bis 140 Mitarbeiter. Innovation auch hier: Ströck beschränkt sich von Anfang an nicht nur darauf, die klassischen Backwaren anzubieten, sondern setzt früh auf fertige Jausenweckerl und Konsorten. Eine rasche, dennoch vollwertige Verpflegung eben, die heutzutage neudeutsch „Convenience-Food" genannt wird. Später kommen einige Sitzgelegenheiten und Getränke dazu – alles, was die eilige Laufkundschaft eben braucht.

Wie überhaupt „Anything goes" das Motto dieser Dekade ist. Österreich hat die EU-Beitrittsverhandlungen im Jahr 1994 gerade erst positiv abgeschlossen, als in der Donaustadt die nächste Weichenstellung passiert. Gerhard Ströck reist mit einem gewissen Werner Lampert nach München, um eine Bio-Bäckerei zu besuchen. Der ist gerade dabei, für die Billa-Gruppe die Bio-Schiene „Ja! Natürlich" zu kreieren. So viele Produkte wie möglich will der Nachhaltigkeits-Pionier naturnah erzeugen

FEIERABEND

Wer ist nicht froh, wenn endlich Feierabend ist. Zwar haben Bäcker und Bäckerinnen aufgrund ihres frühmorgendlichen Arbeitsbeginns meist auch früher Schluss, dieser Feierabend hingegen gilt jederzeit für alle: Der Ströck Feierabend, ein Restaurant mit hauseigener Bäckerei, macht dank weltweit inspirierter österreichischer Küche und saisonalen Brotspezialitäten die schönsten Stunden noch schöner.

lassen – auch Backwaren. Auf dem Rückflug von München fragen Lampert und Billa-Einkäufer Zimmermann den damals 36-Jährigen, ob er sich zutraue, die fünf umsatzstärksten Brot-Sorten auch in Bio zu liefern. Ströck traut sich das zu.

Zu diesem Zeitpunkt hat das Unternehmen bereits ein zweites Grundstück mit Produktionshallen in Wien-Stadlau erworben. Österreichs Beitritt zur Europäischen Union im Jahr 1995 ist der Startschuss für eine gewaltige Transformation, die alle Bäcker und ihre Zulieferer erfasst. Das bis dahin geltende Mühlenkartell fällt den EU-Wettbewerbsregeln zum Opfer, der Mehlpreis halbiert sich, der Brotpreis bleibt aber annähernd gleich, die Bäcker verdienen gut. Wie überhaupt es in den 1990ern vorangeht. Wirtschaftsminister

Wolfgang Schüssel, damals noch mit Mascherl, prägt den Slogan „Mehr privat, weniger Staat". Österreichs Banken und die Industrie starten ihre Ost-Expansion, die bis heute andauert und eine ungeheure Erfolgsstory ist. Das Ende des Kalten Krieges versetzt die Welt in Euphorie. Trotz des ersten Irak-Kriegs, trotz des Jahre währenden Bürgerkriegs in Jugoslawien, der einen großen Flüchtlingsstrom Richtung Österreich auslöst. Mehr als 100.000 Menschen werden aufgenommen.

Rückblickend gelten die 1990er-Jahre als das letzte unschuldige Jahrzehnt. Die Kelly Family und die Spice Girls besetzen die oberen Plätze der Pop-Charts. Mit Blick auf die Schlager-Hitparaden sind es eher harte Zeiten, Roland Kaiser und Andrea Berg dominieren, Helene Fischer, für die Gerhard Ströck eine gewisse Schwäche hegt, ist noch ein Schulkind, kann also noch nicht aktiv ins Geschehen eingreifen.

In den 1990ern ist Konsum endgültig zum Lifestyle geworden, Tamagotchis sind in den Schulpausen allgegenwärtig, das Internet beginnt seinen Siegeszug und bereitet die spätere Globalisierung vor. E-Mails sind damals so hip wie heute TikTok, was 1994 auch einer New Yorker Anwaltskanzlei nicht verborgen bleibt: Sie versendet das erste Spam-Mail. In Österreich setzt man eher auf Qualität: Die Brüder Ströck steigen ins Bio-Brot-Geschäft ein. Treibende Kraft ist Gerhards Ehefrau Gaby. „Sie hat schon damals gesagt, Bio ist die Zukunft." Wie überhaupt Qualität und traditionelles Handwerk wieder stärker in den Fokus des Unternehmens rücken. Bereits ab 1995 wird voll auf den Rohstoff Butter gesetzt und die Verwendung von Margarine erheblich reduziert, was Ströck die später aufflackernde Gesundheitsdebatte rund um industriell hergestellte Transfette erspart. Die Zahl der Mitarbeiter nähert sich mittlerweile der 1.000er-Marke. Dass die Ströcks in jenen Tagen von den wirtschaftlichen Problemen eines Mitbewerbers profitieren und so ausreichend Bäcker und qualifiziertes Personal finden, fällt wohl in die Kategorie Glück des Tüchtigen. 1999 eröffnet die zweite Backstube in der Lexergasse, natürlich ebenfalls in der Donaustadt.

Das Jahrzehnt endet, wie es begonnen hat: mit einem politischen Paukenschlag – zumindest in Österreich. Die FPÖ wird bei der Nationalratswahl 1999 zweitstärkste Partei, die drittplatzierte ÖVP holt die Freiheitlichen in die Regierung und stellt den

GETREIDE

Weizen, Roggen oder Dinkel sind gemahlen die wichtigsten Grundstoffe des Brotes. Getreide (mehr darüber auf Seite 100) diente früher aber auch als Normgewicht – ein „Karat" hatte den Wert von drei Gersten- oder vier Weizenkörnern – und war bis ins 15. Jahrhundert sogar Zahlungsmittel. Gastwirte mussten es als Geldersatz annehmen. Und bis 1848 waren in Österreich die leibeigenen Bauern dazu verpflichtet, den Zehent an ihren Grundherren abzuliefern.

BIO-VOLLKORNBROT

BIO-SONNENVIT BROT

BIO-SONNENBLUMENWECKERL

BIO-ROGGEN-PUR

↑ Frühes Bekenntnis zu Bio: Damit waren die Donaustädter Vorreiter in der Branche

Kanzler, die SPÖ wird erstmals seit 1969 in die Opposition geschickt.

Kurzer Rückblick auf die nachgerade ungestüme Expansion der Ströck-Brüder. Als Lieferant von „Ja! Natürlich"-Biobroten, etwa dem legendären Bergsteigerbrot, hat man sich fest etabliert, Ende der 1990er gibt es bereits 50 Ströck-Verkaufsstellen. Doch das Filialgeschäft ist mehr, als einfach bloß Brot zu verkaufen. Es braucht andere Angebote, um die zunehmend anspruchsvollere Kundschaft sozusagen bei der Salzstange zu halten.

Zwei Neuerungen setzt das Unternehmen durch: Es ist das erste, das 1994 in einer U-Bahn-Station eine Backfiliale eröffnet. Bis zu dieser Zeit war es für Handelsangestellte nicht erlaubt, länger als vier Stunden unter Erdniveau zu arbeiten. Doch das hätte sich wirtschaftlich niemals gerechnet. Die Donaustädter machen sich bei der Politik für eine Änderung stark. Mit Erfolg. Seither gibt es neben den Ströck-Filialen eine Unzahl von Geschäften in U-Bahnstationen, von Blumen- bis zu Buchhändlern.

Die zweite große Neuerung ist die Sonntags-Öffnung, die gemeinsam mit ebenfalls expansiven Bäckereien wie Mann und Felber durchgesetzt wird. Das frisch gebackene Semmerl oder der Kuchen zum sonntäglichen Familien-Frühstück ist heute vor allem im städtischen Umfeld kaum mehr wegzudenken. Die Zeitungen zu holen und duftendes Gebäck einzukaufen ersetzt vor allem männlichen Familienmitgliedern den Frühsport. Dazu kommt die Erweiterung

↑ Anfang der Nuller-Jahre: Aus den „verrückten Vier" – Ingrid, Robert, Gaby und Gerhard Ströck – sind etablierte Familienunternehmer geworden

HALTBARKEIT

Bei richtiger Lagerung sind dunkle Brotsorten, vor allem Roggen- und Vollkornbrote, bis zu fünf Tage haltbar. Es lässt sich aber auch, luftdicht in Folie verpackt, einfrieren. Am besten erhalten bleibt die Qualität, wenn das Brot sehr frisch eingefroren und rasch auf ca. -18 °C abgekühlt wird. So kann es ohne Weiteres ein halbes Jahr gelagert werden. Auftauen lässt es sich am besten bei Zimmertemperatur in der Verpackung, gefrorene Scheiben kann man auch toasten.

des Sortiments. Kaffee, Milch, Butter – alles ist fortan zu haben, was zum weichen Ei oder der Eierspeise für das Sonntagsfrühstück gehört. Ströck ist auch hier ein Pionier.

Gleichzeitig wächst sich das Sport-Sponsoring zu einer echten Erfolgsstory aus. Die Segler Hagara/Steinacher, die Schwimmer Markus Rogan, Maxim Podoprigora und Mirna Jukić oder der Radweltrekordler Michael Strasser stehen nur für eine kleine Auswahl an österreichischen Weltklasse-Sportlern, die dank der Unterstützung aus Wien-Donaustadt für Furore sorgen (mehr zu diesem in vielerlei Hinsicht erfolgreichen Engagement gibt es ab Seite 114 nachzulesen).

Die 2000er

Das neue Jahrtausend benötigt nicht viel Zeit, um auf sich aufmerksam zu machen. In Österreich kommt es zu massiven, teils gewalttätigen Protesten gegen Schwarz-Blau. An der Börse platzt die erste Internet-Blase, die von windigen Unternehmern und Bankern aufgebläht worden war. Am 11. September 2001 bringen islamistische Terroristen mehrere Flugzeuge in ihre Gewalt, zwei lassen sie in die Zwillingstürme des World Trade Centers stürzen. Es ist das brutale Erwachen aus einem Traum. Nine/Eleven, neun und elf. Die beiden Zahlen spielen bereits im Jahr davor bei der Familie Ströck eine tragische Rolle. Am 9. November 2000 stirbt Johann Ströck im 78. Lebensjahr an den Spätfolgen des Schlaganfalls. Seine Frau Hilda, die bis dahin in der Buchhaltung mitarbeitet, zieht sich aus dem Betrieb zurück.

Für die „vier verrückten Unternehmer" Gerhard, Gaby, Robert und Irene ist es Zeit, nun auch die Söhne in den Betrieb einzubinden. Ein sanfter, bis heute andauernder Generationenwechsel nimmt – gleichzeitig mit dem Abgang der Gründergeneration – seinen Anfang. Und aus ungestümer Expansion wird qualitatives Wachstum.

Apropos Qualität, Abteilung Hochkultur: 2001 dirigiert Nikolaus Harnoncourt das Neujahrskonzert der Wiener Philharmoniker, im selben Jahr hört Gerard Mortier als Intendant der Salzburger Festspiele auf, auch als Protest gegen die schwarzblaue Regierung. Als Freund offener, klarer Worte hatte er die Salzburger Festspiele in den zehn Jahren davor aus dem „Karajan-Eck" geholt und in die

IMMER MEHR BIO

Konsumenten schätzen seit vielen Jahren in Bioqualität erzeugte Lebensmittel. Bei Ströck-Brot wird seit 1994 biologisch gedacht und gearbeitet. Heute werden bereits rund 50 Prozent des verarbeiteten Mehls nach den strengen Richtlinien des Ströck'schen „Ährenkodex" in österreichischer Bioqualität eingekauft.

↑ Auftritt der „Next Generation": Gerhard Ströck mit den Söhnen Philipp und Christoph

Neuzeit geführt – nicht immer zur Freude von Publikum und Politik. Gerhard und Gaby Ströck sind da schon längst regelmäßige Besucher in Salzburg, vor allem Konzerte stehen auf dem Programm. Im Jahr darauf debütiert in Salzburg auf Empfehlung von Nikolaus Harnoncourt eine gewisse Anna Netrebko. 2005 sollte ihr mit der Titelpartie der Violetta in *La Traviata* der internationale Durchbruch gelingen. Ihr spektakulärer Auftritt gehört seitdem zu den ewigen Highlights der Salzburger Festspiele. Neben der versammelten medialen Kulturkritik sind auch die Ströcks begeistert.

Politisch zeigt davor die FPÖ ein ungleich unwürdigeres Schauspiel, Stichwort Knittelfeld. Die ÖVP erreicht bei der Nationalratswahl 2002 mehr als 40 Prozent, Wolfgang Schüssel führt de

facto eine Alleinregierung. In diesem Jahr steigt der älteste Sohn Michael in das Unternehmen ein. Der kaufmännische Bereich und die IT-Infrastruktur sind fortan seine Schwerpunkte. Drei Jahre später stößt der frisch gebackene Bäckermeister Philipp dazu, der zusätzlich einen Abschluss an der Höheren Lehranstalt für Tourismus in Wien, dem „Modul", mitbringt. 2008 wird dann das Jahr, in dem alle drei Söhne von Gerhard und Gaby im Betrieb sind. Christoph, der Jüngste und ebenfalls Absolvent des „Modul", hat da bereits einige Wanderjahre hinter sich, die ihn zu Jobs in Wiener Top-Restaurants wie Fabios und Meinl am Graben geführt haben. Seine ersten Aufgaben: die Professionalisierung des Marketings und des Personalwesens.

↑ Nicht nur vom damaligen Bundespräsidenten Heinz Fischer gefeiert: Mirna Jukić und Markus Rogan

Mitte des Jahrzehnts ist der Familienbetrieb auf mehr als 1.000 Mitarbeiter angewachsen, die Produktions-Standorte in der Donaustadt werden Zug um Zug ausgebaut, gleichzeitig die Söhne immer stärker in unternehmerische Entscheidungen eingebunden. Ein Grund dafür ist wohl auch Gerhards Vita: „Ich war gerade einmal 19 Jahre alt, als ich die Bäckerei nach dem Schlaganfall des Vaters übernehmen musste. Ich fragte ihn kurz danach, was ich nun mit seinem Betrieb machen soll. Er antwortete nur: Das musst du wissen, du bist jetzt der Chef." Dieses Verantwortungsbewusstsein, dieses Bereitsein für plötzliche, mitunter schwierige unternehmerische Entscheidungen vermittelt er nun den Söhnen. „Wenn sie mit Vorschlägen gekommen sind, habe ich ihnen gesagt: Wenn ihr

daran glaubt, probiert es aus. Und dann habe ich sie machen lassen."

Und Christoph und Philipp stellen tatsächlich Gewohntes infrage. Welche Brote werden angeboten? Welche Kuchen? Wie entwickeln sich die Verkaufsstellen weiter? „Es ging nicht mehr darum, noch weitere 20 Filialen aufzusperren, sondern was wir dort anbieten. Backwaren alleine zu verkaufen reichte und reicht nicht aus", erzählt Gaby.

Ströck beginnt also, auch eine Geschichte zum Brot zu erzählen. Frei nach dem Motto: Wir verkaufen kein Produkt, wir verkaufen eine Idee, die im Einklang mit den eigenen hohen Ansprüchen in Bezug auf Qualität und Tradition steht. Dazu zählt etwa das Bekenntnis zu Regionalität und nachhaltiger Produktion, die Enkel des Unternehmensgründers bringen sich hier besonders stark ein. Bereits seit 2008 verzichtet Ströck in der Brot-Produktion auf Backtriebmittel wie Emulgatoren und Ascorbinsäure. Das Mehl kommt schon seit Längerem ausschließlich aus Österreich. Ebenso werden Zug um Zug die Plastiksackerl aus den Filialen verbannt – während andere noch auf Papier umstellen, ist Ströck längst soweit.

Die „verrückten Vier" sind, flankiert von den „Nachwuchskräften" Philipp und Christoph, am Höhepunkt ihres Schaffens. Gaby und Irene Ströck bauen die Filialen zu kleinen Nahversorgern aus, insgesamt 70 sind es heute – Stehcafé inklusive.

Gerhard Ströck optimiert die mittlerweile umfangreichen Produktionsanlagen, Robert kümmert sich um Vertrieb und Verkauf. Mittlerweile ist man der größte Gewerbebetrieb Wiens und der drittgrößte Bäckereibetrieb Österreichs – und setzt auf Inhalt, nicht auf Masse. Einst hatte Vater Johann Ströck seinen Söhnen eingeschärft, dass Brot ein wertvolles Gut sei, das man nicht verschleudern dürfe. Philipp und Christoph handeln gemäß dieser Tradition und ziehen gleichzeitig die Qualitätsschraube weiter an. Ab 2006 wird in den Filialen ausschließlich Bio-Fairtrade-Kaffee verkauft, nichts weniger als die konsequente Weiterführung eines sozialen Engagements, das es so wahrscheinlich nur in Familienbetrieben oder eigentümergeführten Unternehmen gibt. Bereits in den 1990er-Jahren versorgte man Pfarreien, die Flüchtlinge des Jugoslawien-Krieges aufgenommen hatten, gratis mit Brot. Ohne großes Tam-Tam, aus Verantwortung. Die „Jungen" denken diese Grundhaltung nun weiter – Fairtrade-Produkte und regionale Produkte eben.

JOHANN STRÖCK

Er wagte im Mai 1970 das Unterfangen, mit seiner Familie vom burgenländischen Kittsee in den 22. Wiener Gemeindebezirk zu übersiedeln. Dort eröffnete der Bäckermeister in der Langobardenstraße 9 eine kleine Bäckerei mit vier Gesellen und einem Lehrling. Seine Frau Hilda kümmerte sich mit zwei Angestellten um den Verkauf. Das Unternehmen florierte und übersiedelte 1989 in die Industriestraße, die seit 2007 zu Ehren des Firmengründers Johann-Ströck-Gasse heißt.

KAISERSEMMEL

Auf der Pariser Weltausstellung 1867 erlangte die Kaisersemmel internationale Bekanntheit. Wer der Erfinder ist, lässt sich nicht zweifelsfrei ermitteln. Manche führen den Namen auf Kaiser Friedrich III. zurück, der 1487 Semmeln mit seinem Porträt backen ließ. Nach einer anderen Version soll ein Wiener Bäcker namens Kayser um 1730 die Kaysersemmel erfunden haben.

LAGERUNG

Brot muss atmen. Damit es nicht in Atemnot gerät, sollte es niemals in einem Plastiksackerl aufbewahrt werden. Am besten ist der gute alten Brotkasten aus Holz oder ein großer Steinguttopf. So bleibt das Brot frisch und das Aroma erhalten.

↑ Nicht nur Schild, sondern Auszeichnung: Seit 2007 hört die Adresse der Ströck-Zentrale auf den Namen des Gründers

Damit agieren sie ganz im Sinne jener wirtschaftlichen Nachhaltigkeit, die in Teilen der Politik schon sehr früh verfochten wurde und jetzt erst, knapp 20 Jahre später, reif für die Umsetzung ist. Damals hatte Josef Riegler, glückloser ÖVP-Obmann und Vizekanzler, den Begriff der „ökosozialen Marktwirtschaft" geprägt. Der langjährige EU-Kommissar Franz Fischler wiederum war es, der Österreich zum „Feinkostladen Europas" machen wollte. Beide wiesen auf die Bedeutung von biologischer, naturnaher Landwirtschaft hin und mahnten eine Rückkehr zur Kreislaufwirtschaft ein.

Die Ströcks leben diese Grundsätze nun als Unternehmen vor. Nur ein Beispiel: Die Marillen für die Marmelade in den Krapfen kommt zur Gänze aus Kittsee. Das pannonische Klima lässt die Früchte hier besonders gut reifen, Ströck ist bei den Obstbauern des Ortes und dem dort ansässigen Obstverarbeiter bis heute Großabnehmer. Einmal Kittsee und retour – mehr Kreislaufdenken ist kaum möglich.

Gleiches gilt fürs Mehl, das seit jeher aus heimischen Mühlen kommt. Dabei treffen wir auch den „ältesten" Lieferanten der Familie Ströck, die Hoffmann-Mühle aus Dürnkrut. Sie liefert seit 1977 ohne Unterbrechung Roggenmehl an die Ströck-Bäckerei.

Das unternehmerische Treiben in der Donaustadt bleibt von der Stadtpolitik nicht unbemerkt. 2007 erfolgt ein symbolischer, aber sichtbarer Akt der Anerkennung für jahrelange, harte Arbeit. Der Firmensitz in der Donaustadt erhält die Adresse „Johann-Ströck-Gasse 1", ein feierlicher Anlass, dem der damalige Bürgermeister Michael Häupl, Burgenlands Landeshauptmann Hans Niessl und der Pfarrer von Kittsee beiwohnen.

Lieferant der ersten Stunde

Am Anfang einer nachhaltigen Arbeitsbeziehung muss es manchmal ziemlich schnell gehen

Der älteste Lieferant von Ströck ist die Hoffmann-Mühle der Familie Fally in Dürnkrut. Seit 1977 liefert die Mühle aus dem kleinen Ort im niederösterreichischen Weinviertel Roggenmehl zu. Gleich bei der ersten Bestellung hatte sich Othmar Fally zu beweisen: „Gerhard Ströck liebt Sekunden-Entscheidungen", erinnert sich der Müllermeister. „Lieferst mir halt einmal 2.000 Kilo", war Ströcks knapper, mündlicher Auftrag 1977. Der Wiener Bäcker hatte wenig Zeit, gerade hatte er das Unternehmen vom kranken Vater übernommen. Auf dem Satz gründet eine jahrzehntelange Partnerschaft.

„Geschenkt hat er mir nix, aber wir sind durch dick und dünn gegangen", erzählt der Mühlenbetreiber, der mit Ströck mitwuchs. Aus den anfänglichen 2.000 Kilo sind mittlerweile Lieferungen im zweistelligen Tonnen-Bereich geworden – wöchentlich. Die Hoffmann-Mühle ist bis heute der exklusive Roggenmehl-Lieferant.

Privat kannten sich Fally und beiden Ströck-Brüder bereits. „Wir waren damals alle nicht verheiratet und hie und da aus." Dürnkrut und Kittsee sind gar nicht so weit voneinander entfernt, die Donau ist halt dazwischen. Auch die Freundschaft hat sich bis heute erhalten.

Beruflich verstanden sich Fally und Ströck, weil sie wohl ähnlich ticken. „Bei mir geht es auch schnell", schmunzelt der Müllermeister. „Und es gibt auch kein Nein, im Ernstfall haben wir immer einen Kompromiss gefunden." Und so wie die Mühle mit der Wiener Bäckerei mitgewachen ist, ließ sich der Betreiber von der Experimentierfreude der Ströcks inspirieren.

Müller und Bäcker – eine symbiotische Beziehung, die beide leben. Als Ströck Bio-Brot aus Schlägler Roggen backen wollte, war es Fally, der den Kontakt zu den Bauern herstellte, um die in Vergessenheit geratene Getreidesorte anzubauen. Deren hervorragende Teig-Eigenschaften waren es, die Ströck faszinierten. „Er kommt und sagt, machen wir doch einen Versuch." Was der Niederösterreicher höflicherweise verschweigt, ist die enthaltene implizite Aufforderung, das auch wirklich und rasch zu besorgen. Wie im Fall von Bio-Einkorn, einer Ur-Weizensorte, die Fally ebenfalls besorgte.

Die Mühle ist seit 1921 in Familienbesitz. 1968 hat der jetzige Chef die Lehre als Müller begonnen, mittlerweile ist auch Sohn Georg in der Firma, und tritt in dessen Fußstapfen. Auch hier eine Ähnlichkeit zu Ströck, bei der ebenfalls mehrere Generationen gleichzeitig das Unternehmen „schupften".

1977, als der längstdienende Lieferant eine jahrzehntelange Vertrauensbasis gründete, war die Welt der Müller noch in Ordnung. Gebiets- und Preiskartelle erleichterten das Leben. Mit dem EU-Beitritt Anfang 1995 war alles vorbei, Wettbewerb war angesagt. Der Mehlpreis halbierte sich, auch für die Hoffmann-Mühle.

Zu diesem Zeitpunkt aber war Othmar Fally in der Vollproduktion, da Ströck im 22. Bezirk zwei neue Produktionsstandorte aufgebaut hatte und Filialen aufbaute. „Wir konnten immer liefern. Wenn es viel wurde, wurde halt durchgearbeitet, egal ob Sonn- oder Feiertag." So konnte man auch gegen übermächtige Konkurrenz bestehen.

Wenn die Ströcks auf der Suche nach ausgefallenem Saatgut sind, wird erst einmal Othmar Fally angerufen, alte Liebe rostet halt nicht. Da Fally neben der Mühle einen Agrarhandel im Weinviertel betreibt, kennt er die Bauern der Gegend bestens.

Und er ist pingelig bei der Qualität. „Es wird ohnehin alles scharf kontrolliert, aber ich kann garantieren, dass unser vermahlenes Getreide ausschließlich aus Österreich kommt und Bio auch wirklich Bio ist. Punkt." Damit auch der „Ährenkodex", mit dem Ströck genau das verspricht, eingehalten werden kann. Lieferant und Abnehmer, das ist in diesem Fall mehr als eine berufliche Zweckgemeinschaft, sondern eindeutig Freundschaft. Sie währt seit mittlerweile 43 Jahren.

Auch sonst ist in den 2000ern einiges los, die Auswirkungen und Veränderungen währen bis heute. Steve Jobs stellt das erste Smartphone von Apple vor. Die Frage der Vermögensverteilung erhält erstmals größere Aufmerksamkeit, die beiden reichsten Männer der Welt besitzen so viel Vermögen wie die 45 ärmsten Länder zusammen. 2007 taucht in den Medien erstmals der Begriff „Subprime" auf, US-Banken sitzen auf uneinbringlichen Hypothekarkrediten in unvorstellbarem Ausmaß. Die Folge ist eine Weltfinanz-Krise, der kurz darauf eine Euro-Krise folgt, weil einzelne EU-Länder nicht mehr in der Lage sind, ihre Banksysteme alleine aufrechtzuerhalten.

Während das Bankgeschäft in diesen Jahren zum brotlosen Beruf wird, macht sich im real existierenden Brotgeschäft Innovation und Qualität bezahlt. In neuen, speziellen Kühlräumen kann sich der Teig nun so entwickeln, dass er danach bei Verarbeitung all seine Fähigkeiten zeigen kann. 2010 verordnet sich das Haus einen „Ährenkodex", Ströck gibt von nun an eine Herkunftsgarantie für das verwendete Getreide ab: 100 Prozent aus Österreich.

Die 2010er

Es sind intensive Jahre für die Unternehmerfamilie. Und es sind turbulente Jahre für die Weltpolitik. Griechenland wird wegen unfassbarer Budget-Schummeleien unter EU-Kuratel gestellt. In Wien fährt ein 24-jähriger ÖVP-Politiker anlässlich der Gemeinderatswahl mit einem schwarzen „Geilomobil" durch die Bundeshauptstadt, er wird später Bundeskanzler der Republik Österreich sein. In der heimischen Politik dieser Jahre irrlichtert der als Unternehmer höchst er-

MALZ

Es ist eines der ältesten natürlichen Backmittel und wird aus gekeimtem Getreide wie Gerste, Weizen oder Roggen hergestellt. Es beschleunigt die Gärung, verbessert die Triebkraft und verleiht dem Teig eine bessere Beschaffenheit.

NATRONLAUGE

Sie wird zur Herstellung von Laugengebäck verwendet und verleiht ihm die kastanienbraune Oberfläche mit dem speziellen, kräftigen Geschmack. Einer Legende zufolge soll dem Bäcker Anton Nepomuk Pfannenbrenner am 11. Februar 1839 in der Backstube des Münchner Hoflieferanten Johann Eilles ein folgenschwerer Fehler unterlaufen sein: Er glasierte die Brezeln statt mit Zuckerwasser mit Natronlauge, die zur Reinigung der Bleche bereitgestellt war. Seine Vorgesetzten waren von dem Ergebnis schlichtweg begeistert.

OXYGENIUM

Besser bekannt als Sauerstoff. Wie vor zigtausend Jahren werden bei der Brotherstellung auch heute zuerst alle Ingredienzien – im Wesentlichen Mehl, Wasser und Salz – vermischt und durch Kneten dem Teig Sauerstoff zugeführt, er wird „durchlüftet". Danach wird er geteilt und ein weiteres Mal „durchwirkt", so werden auch Gärblasen beseitigt. Anschließend wird der Teig in Form gebracht (lang, rund, geflochten oder geschlungen) und der Gärungsprozess fortgesetzt. Und dann: Ab damit in den Ofen.

folgreiche Frank Stronach herum. Die Welt ist erstaunlich unberechenbar geworden, es fehlt an Gewissheiten und Erklärungen allerorten. Die große Koalition in Wien nähert sich mit spießigen Debatten ihrem unausweichlichen Ende, der Euro wird in Frage gestellt – und im Burgtheater wird ein Bilanzfälschungs-Skandal publik und damit selbst zur Bühne. Die Welt – und mit ihr Österreich – stehen Kopf. Zeit, um sich den fundamentalen Dingen zu widmen. Woher kommen wir? Wohin gehen wir?

Auch die jungen Ströcks stellen sich diese Fragen – heruntergebrochen auf ihre Profession. Was ist Brot? Wofür stehen die Backwaren? Woher kommen

die Zutaten? Was braucht es für besseren Geschmack, mehr Qualität?

2012 startet der 28-jährige Bäckermeister Philipp Ströck eine weitere Offensive, um die Backwarenproduktion noch stärker Richtung Nachhaltigkeit zu trimmen. In diesem Jahr startet auch die hauseigene Barista-Akademie, in der Mitarbeiter zu Kaffee-Experten ausgebildet werden. Sein um drei Jahre jüngerer Bruder jedoch denkt noch radikaler: Christoph, den seine Ausbildung in der Tourismusschule Modul beruflich in viele Städte und Lokale bringt, lernt mit dem Patissier Pierre Reboul einen der Besten seiner Zunft kennen. Schnell wird klar, dass der Franzose der richtige Mann ist, um vor allem das Mehlspeisen-Angebot auf ein neues Level zu heben. Es dauert ein wenig, bis sich Reboul davon überzeugen lässt, dass er bei Ströck am besten aufgehoben ist. „Es ist schon ein Unterschied, ob du 300 oder 3.000 Croissants täglich machst", sagt der Franzose. Doch der unbedingte Qualitäts-Wille der Familie überzeugt ihn schließlich. Und schon bald beschäftigt er sich nicht bloß mit der Kreation außergewöhnlicher Mehlspeisen. Gemeinsam mit Christoph entwickelt er ein eigenes Gastro-Konzept, mit Philipp neue Brot-Sorten aus frisch gemahlenem Bio-Weizen und Buchweizen. Umgesetzt wird die neue Mehrwert-Linie erstmals in einer ehemaligen Bäckerei im dritten Wiener Gemeindebezirk, in der Landstraßer Hauptstraße: dem Ströck Feierabend. Vom Grundgedanken als Back-Shop samt Restaurant angelegt, ersteht hier eine einzigartige kulinarische Wohlfühloase – eine ebenso schlichte wie großartige Idee.

PANIS

Brot war im alten Griechenland ein Abbild der Gesellschaft: „panis militaris" war das Brot der Soldaten, „panis plebius" das aus Mehl und Kleie hergestellte Brot des Volkes, „panis cibarius" konsumierten Militärs und Beamte, „panis civilis" bezeichnete das Brot der gewöhnlichen Bürger.

↑ In der hauseigenen Barista-Akademie erlernen die Mitarbeiterinnen und Mitarbeiter die Kunst der Kaffeezubereitung

QUARANTÄNE

Um nicht jedes Mal mehrere Tage für die Sauerteigherstellung aufzuwenden, nimmt man einen Teil des fertigen Sauerteigs gewissermaßen in Quarantäne. Hierfür entnimmt man vom „Sauer" ca. 50 Gramm, vermengt diese mit etwas Roggenmehl (ca. 150–200 g) und reibt die Mischung durch die Hände, bis eine trockene, bröselige Masse entsteht. Dies nennt man dann ein „Gerstel", das in einem geschlossenen Gefäß und an einem trockenen, kühlen Ort aufbewahrt werden kann.

REKORD

Mit einem Riesenbrot hat es ein Bäcker aus Barcelona ins *Guinness Buch der Rekorde* geschafft: Sein Brot war ganze 74 Meter lang, 57 Zentimeter breit, wog knapp eine Tonne und reichte als Frühstück für 6.000 Menschen. Der größte Kornspitz der Welt hatte 10,4 Meter Länge und wog 270 Kilo, das entspricht 2.840 normal großen Kornspitz.

Warum ausgerechnet der Name Feierabend, Monsieur Reboul? „Am Feierabend teilen wir mit Freunden Brot und Wein, das ist eine Zeit der Muße und Ruhe, und genau diese Atmosphäre soll dieser Ort auch vermitteln", sagt der Franzose – der damit gewissermaßen aus Franz Schuberts Liederzyklus *Die schöne Müllerin* zitiert:

„Und da sitz ich in der großen Runde,
In der stillen kühlen Feierstunde,
Und der Meister spricht zu allen:
Euer Werk hat mir gefallen."

Beim kulinarischen Angebot, das weit über die Idee einer klassischen Bäckerei hinausgeht, lässt sich Christoph von der alten Heimat im Burgenland inspirieren. Als kleiner Bub hatte er von seiner Urgroßmutter in Kittsee immer wieder Brot mit frischen Paradeisern und Schnittlauch kredenzt bekommen. Der Geschmack lässt ihn nie mehr los. In den USA trifft er dann während seiner Ausbildung auf den Spitzenkoch Dan Barber, der als geistiger Vater der „Farm to Table"-Bewegung gilt. In den 2000er-Jahren tauchten erstmals Prognosen auf, dass in 100 Jahren drei Viertel aller Getreidesorten verschwunden wären. Das vor allem, weil nur noch drei Saatgutkonzerne, darunter der mittlerweile von Bayer gekaufte Monsanto-Konzern, 60 Prozent des Weltmarktes beherrschten. Um gegen die drohende Monokultur anzutreten, hatte Barber gemeinsam einem Farmer ein eigenes Saatgut-Unternehmen gegründet. Daraus leitet Christoph die drei Prinzipien von Ströck Feierabend ab: Saisonalität, Regionalität, gelebte Nachhaltigkeit. So kommt etwa das verwendete Gemüse großteils aus eigenem Anbau, mit lang-

↑ Die nächste Generation: Michael, Claus, Stefan, Christoph und Philipp Ströck

zeitgeführten, traditionell gefertigten Weizensauerteigbroten wird sogar eine eigene Linie kreiert. Ein Labor des Genusses, mit Brot als Basis.

Mit dem erfolgreichen „Farm to Table"-Konzept, das 2020 mit einer zweiten Feierabend-Filiale in der Wiener Rotenturmstraße Zuwachs bekommen hat, wird die Verbindung zu den Getreidebauern nochmals enger – des Mehles wegen. Das Unternehmen beginnt sich mit alten Getreidesorten zu beschäftigen, die sich für lange Teigführung und Sauerteige besonders eignen. Und stößt im Mühlviertel auf den Schlägler Roggen. Bauern werden unter Vertrag genommen, 2019 schließlich wird die erste Ernte eingefahren.

Während man in der Ströck-Zentrale in der Donaustadt – und nicht nur hier – immer stärker auf regionale Werte setzt, geraten ab 2010 Globalisierung und Turbo-Kapitalismus immer stärker in die Kritik. Die Abhängigkeit, auch bei Lebensmitteln, von Zulieferern aus aller Welt wird immer deutlicher erkennbar, die fehlende Übersicht über die agrarische Wertschöpfung sorgt für ein Umdenken.

Feierabend bedeutet für Ströck eine grundsätzliche Neuausrichtung des Unternehmens in Sachen Qualität und Nachhaltigkeit. Wie Dan Barber sowie tausende Köche und Lebensmittel-Hersteller weltweit beschäftigt sich die Familie mit Fragen, die bis weit in die Gesellschaftspolitik hineinragen. Was für eine Welt wollen wir unseren Kindern, unseren Enkeln übergeben?

Eine Antwort könnte, auf das Lebensmittel Brot bezogen, lauten: Im Ursprung liegt bereits die Vollendung. Je besser die Zutaten, desto weniger Geschmacks-Macher und Gewürze werden benötigt. Auch aus Mehl, Wasser und Germ allein kann eine Köstlichkeit entstehen.

Das mag zwar ein wenig esoterisch klingen, ist aber in Wahrheit ein zutiefst

STATUSSYMBOL

Es klingt heute fast unglaublich, aber Brot war früher ein begehrtes Statussymbol. Bei Hof und in Bürgerkreisen wurde helles Weizenbrot aufgrund des angeblich besseren Nährwertes bevorzugt. Erst gegen Ende des 18. Jahrhunderts wurde Weizenbrot bei ärmeren Bevölkerungsschichten populär.

TYPEN

Die Ermittlung der Type oder Helligkeit des Mehles erfolgt durch die Bestimmung des Mineralstoffgehaltes. Niedrige Mehl-Typen mit geringem Gehalt sind sehr hell, hohe Typen sehr dunkel und reich an Mineralstoffen. Vollkornmahlerzeugnisse enthalten die gesamten Bestandteile der gereinigten Körner einschließlich des Keimlings und sind daher nicht typisiert. In Österreich wird das Mehl in glatt, griffig und doppelgriffig eingeteilt.

↑ Neben dem Feierabend in der Landstraßer Hauptstraße gibt es seit Mitte 2020 eine Filiale in der Rotenturmstraße

UNTERHALTUNG

In Marcel Pagnols Film *La Femme du Boulanger* (*Die Frau des Bäckers*) aus dem Jahre 1938 spielt Brot eine der Hauptrollen. Aimable, Bäcker aus Leidenschaft, liebt seine Frau über alles. Doch die junge, hübsche Aurélie verliebt sich in einen Schafhirten und brennt mit ihm durch. Als ihr Ehemann daraufhin kein Brot mehr backen und sich sogar das Leben nehmen will, bringen die Dorfbewohner das Paar wieder zurück. Bäcker Aimable heißt die Angetraute mit einem ganz besonderen Geschenk willkommen: einem in Herzform gebackenen Brot.

↑ Patissier und „Entwicklungsbäcker" Pierre Reboul

rationaler Gedanke: Es geht um nichts weniger als einen effizienten Ressourceneinsatz.

Diese klare Linie konnte man der Politik nicht unterstellen. Die 2000er-Jahre sind geprägt von Wahlgängen. Zwischen Ende 1999 und 2019 werden die Österreichinnen und Österreicher siebenmal aufgefordert, einen Nationalrat zu wählen. Dazu kommt der Wahl-Marathon fürs Bundespräsiden-tenamt, der sich inklusive Anfechtungen und Wiederholung über sieben Monate zieht. Erst im Jänner 2017 kann Alexander van der Bellen in die Hofburg einziehen.

Wirtschaftlich läuft es nach Überwindung der Finanz- und Euro-Krise wieder besser. Auch für den Kunsthandel: 2015 wird Pablo Picassos *Le Femmes d'Alger*, Version O, bei Christie's um 179,4 Millionen Dollar versteigert – Rekord. Im

VOR- UND NACHTEILE

Im alten Griechenland entbrannte unter den Philosophieschulen eine heftige Diskussion darüber, ob Brot aus Gersten- oder solches aus Weizenmehl mehr Nährwert aufweist. Aristoteles (384–322 v. Chr.) vertrat die Meinung, dass Menschen, die sich von Gerstenprodukten ernährten, schwächlicher wirkten als die Weizen-Anhänger. Die Schüler des Hippokrates bevorzugten dennoch weiterhin die Gerste. Für den berühmtesten Pharmakologen des Altertums, Dioskurides (1. Jh. n. Chr.), war die Sache hingegen klar: Gerste und Weizen seien gleichermaßen für die Ernährung gut.

November 2017 kauft der damals noch politisch unumstrittene saudische Kronprinz das Werk *Salvator Mundi*, das Leonardo da Vinci zugeschrieben wird, um 450,3 Millionen Dollar. Ein bisher unerreichter Rekord. Der Kunstmarkt ist ein guter Indikator für den Zustand der Weltwirtschaft. Sind die Sammler in Kauflaune, befindet sich die Welt in Hochkonjunktur.

2019 wird in Österreich erstmals eine Regierungskoalition aus ÖVP und Grünen gebildet, der Ausbruch einer weltweiten Pandemie ist noch unvorstellbar. Das Unternehmen Ströck-Brot feiert in diesem Jahr das beste Geschäftsjahr ihrer Geschichte. Das nicht zuletzt, weil sich auch Pierres Croissants – in der Branche darf das Bild verwendet werden – wie die sprichwörtlichen warmen Semmeln verkaufen. Dass diese mittlerweile handgefertigt werden, ist für ein derart großes Unternehmen durchaus eine Meisterleistung.

2020 wird schließlich in vielerlei Hinsicht zu einem außergewöhnlichen Jahr. Die Corona-Pandemie hält auch Österreich in Atem, mit all ihren schwerwiegenden wirtschaftlichen Auswirkungen. Für Ströck-Brot, für die Familie und hunderte Mitarbeiterinnen und Mitarbeiter ist es, ausgerechnet im Jahr des 50-jährigen Firmenjubiläums, wieder eine Zeit der Bewährung. Trotz schwieriger, arbeitsintensiver Zeiten richtet das Unternehmen seinen Blick in die Zukunft: Und wieder geht es um das Thema Nachhaltigkeit, konkret die Ressourcenverschwendung. In Wien landen täglich etwa 70 Tonnen Brot im Müll oder in der Tierfütterung. Ein Missstand, der der Bäcker-Familie schon immer ein Dorn im Auge war. Gleichzeitig jedoch war das Unternehmen gezwungen, immer etwas mehr als eigentlich erforderlich zu erzeugen, um Engpässe in den Filialen auszugleichen. Diese Brot-Überproduktion, eigentlich tadellose Ware, sollte fortan nicht mehr verschwendet werden – das „Wiederbrot" war geboren. Die Idee stammt aus London, von „Gail's Bakery". Doch bis diese in Wien umgesetzt werden konnte, mussten von Bäckermeister Philipp Ströck und „Entwicklungsbäcker" Pierre Reboul erst die Hausaufgaben gemacht werden. Schließlich sollte die Qualität perfekt sein und das Brot durch einen herausragenden Geschmack überzeugen. Das Ergebnis der

↑ Mehr als nur Backwaren: Auch in der Aus- und Weiterbildung wird Brot weitergedacht

Tüfteleien sieht vereinfacht gesagt so aus: Zunächst werden die Brote vom Vortag in Scheiben geschnitten und im Rohr getoastet, bis sie knusprig sind. „Wir wollen hier nicht nur Reste verwerten, sondern ein richtig gutes Produkt machen", sagt Reboul. „70 Prozent des Geschmacks eines Brotes kommen normalerweise aus der Kruste, weil sie so viele gute Röstaromen enthält. Durch das Toasten sorgen wir dafür, dass es besonders aromatisch ist." Dieser Prozess entzieht dem alten Brot Feuchtigkeit, was die Weiterverarbeitung erleichtert. Danach wird das Brot fein gemahlen und mit Wasser gemischt. Diese Masse wird mit jeder Menge gutem Sauerteig und Mehl zu einem sehr feuchten Teig vermengt. Nach einer langen Teigruhe und vorsichtigem Formen wird es besonders langsam knusprig gebacken – echte Handwerkskunst eben.

Seit dem Start des „Wiederbrots" im Frühsommer 2020 wird ein kleiner Teil des Brotes vom Vortag hineinverarbeitet. Vorerst wird der Ressourcenschoner unter den Backwaren exklusiv bei Ströck Feierabend angeboten, doch schon bald sind Bedarf und Interesse der Kunden so groß, dass das Angebot auf alle Filialen ausgedehnt wird.

Womit die 50-jährige Geschichte von Ströck-Brot vor allem eines zeigt: Auch ein Grundnahrungsmittel wie Brot kann innovativ gedacht werden.

Getragen wird dieser Gedanke von einer Unternehmerfamilie, in der jeder anpackt. Gerhard als Bäckermeister. Robert als Logistik- und Verkaufsleiter sowie Gaby und Irene, die beide in der Geschäftsführung sitzen und für Filialen und Marketing zuständig sind. Dazu die Söhne Philipp und Christoph, die ihren Einfallsreichtum in überraschende, erfolgreiche

WACHAUER LABERL

Das Graugebäck aus Weizen- und Roggenmehl wurde 1905 vom Bäcker Rudolf Schmidl aus Dürnstein in der Wachau erfunden. Die Bezeichnung „Schmidls Original Wachauer Laberl" ist seit 2016 geschützt. Der Begriff „Wachauer La(i)berl" hat sogar Einzug ins *Österreichische Wörterbuch* gefunden.

EIN X FÜR EIN U VORMACHEN

Wenn anno dazumal ein Bäcker, was nicht selten vorkam, durch kleine Kniffe wie Gewichtsminderung, Beimischung schädlicher Stoffe oder dem Zusetzen von minderwertigem oder verdorbenem Mehl seinen Gewinn steigern wollte, wurde der Übeltäter in einem Korb mehrmals unter Wasser oder in Unrat getaucht. Beschimpfungen und Demütigungen gab es gewissermaßen gratis dazu. Das letzte sogenannte Bäckerschupfen in Wien fand 1773 in der Roßau statt.

Produkte verwandeln. Ersterer wird wohl als Bäckermeister die Herstellung vollständig übernehmen. Christoph bleibt der maßgebliche Innovator. Und Claus, der Sohn von Irene und Robert, verdingt sich bereits als Assistent der Geschäftsleitung. Dazu kommen kreative Geister wie Pierre Reboul, der längst mehr als Patissier ist. Und nicht zu vergessen: 1.400 motivierte Mitarbeiter.

Von der kleinen Keller-Bäckerei in der Langobardenstraße zum Vorzeigebetrieb, der Qualität und Nachhaltigkeit in sich vereint. 50 Jahre. Von Bruno Kreisky bis zu Sebastian Kurz. Von Richard Nixon zu Donald Trump. Von der „Insel der Seligen" in die Europäische Union. Österreichs Wirtschaftsleistung ist in den 50 Jahren von 27,3 Milliarden Euro auf fast 400 Milliarden gestiegen. Ströck-Brot ist in dieser Zeit ähnlich dynamisch gewachsen – und geht auch in dritter Generation ihren Weg konsequent weiter.

„Der Geruch des Brotes ist der Duft aller Düfte. Es ist der Urduft unseres irdischen Lebens, der Duft der Harmonie, des Friedens und der Heimat", schrieb einst der 1984 mit dem Literaturnobelpreis ausgezeichnete Dichter Jaroslav Seifert. Die Familie Ströck vermittelt seit 50 Jahren diesen Urduft des Lebens, und ein Ende ist nicht abzusehen. Sie wird in weiteren 50 Jahren zum 100er erzählt werden.

YOUTUBE

Das Videoportal bietet tatsächlich auch richtige Informationen: unter anderem zum Bio-Johanns-Brot, einem Weizen-Sauerteig-Brot, dessen Mehl aus dem Burgenland stammt. Der Name ist eine Reminiszenz an den Vater der beiden Firmengründer, der einst die Rezeptur für dieses Weißgebäck erfand. Es hat einen milden säuerlichen Geschmack und wird im Steinofen gebacken. Ein Rezept für Hobbybäcker findet sich auf Seite 98.

ZEIT

Natursauerteige benötigen Zeit, um zu reifen – bis zu 36 Stunden. Durch die lange Teigruhe werden sie besonders bekömmlich. Sie bleiben lange frisch und entfalten so ihren besonderen Geschmack. „Dieser ist besonders aromatisch", so Bäckermeister Philipp Ströck, „weil die Hefen genügend Zeit bekommen, die Teigbestandteile umzuwandeln. Und durch die lange Teigruhe reduziert sich die Menge an jenen Kohlenhydraten und Proteinen, die teilweise schwer verdaulich sind. Somit ist der Genuss besonders bekömmlich."

↑ Philipp und Christoph Ströck als Modelle für den Maler Siegfried Krupitz. Das Werbesujet wurde 1996 bei der Eröffnung der Filiale Rotenturmstraße eingesetzt – dort, wo heute der von beiden ersonnene Feierabend ist

Ströck in Zahlen

50
Jahre ist es her, dass Johann Ströck in der Wiener Langobardenstraße 9 eine Bäckerei eröffnet hat.

90
Bäcker und Konditoren sind in den Backstuben tätig.

49
Nationen sind bei Ströck-Brot beschäftigt.

1991
wurde die erste Filiale eröffnet.

55
Prozent beträgt der Anteil an Biomehl am jährlichen Mehlbedarf der Bäckerei.

34
Jahre ist der dienstälteste Mitarbeiter im Unternehmen beschäftigt.

25
junge Frauen und Männer werden zur Zeit zu Bäckern und Konditorn ausgebildet.

2.600
Quadratmeter groß ist der Biogarten vom Ströck Feierabend.

21
Sorten Tomaten wachsen dort.

450
Kilogramm Erdbeeren werden geerntet.

36

Stunden darf der Teig
für den Bio-Feierabend-
Wecken ruhen.

96

Prozent der Wiener und
Wienerinnen kennen
das Unternehmen.

1.150

Rezepte befinden sich im
Fundus von Gerhard Ströck.

50

Mehl- und Schrotsorten
werden verarbeitet.

42

verschiedene Sauerteigbrot-
sorten werden täglich gebacken.

18

neue Artikel gibt es bei
Ströck Feierabend in der
Rotenturmstraße.

100

1993

Prozent der Marillen für die Marillenmarmelade in den Krapfen und
Biskuitrouladen stammen aus der Genussregion „Kittseer Marille".

wurde mit der Snack-
produktion begonnen.

Wir backen das!

Was wäre eine Bäckerei ohne die Menschen, die für sie von früh bis spät für sie arbeiten? Jene Bäcker und Konditoren, Einkäufer und Verkäufer, Organisatoren und Problemlöser, also jene, die so einen Betrieb tagtäglich am Laufen halten.

Wir haben einige Mitarbeiterinnen und Mitarbeiter zu ihrer Arbeit befragt – und zu ihren kulinarischen Vorlieben.

Fotos: Lois Lammerhuber

SONJA HANN

42 Jahre | Konditorin | Seit
15 Jahren bei Ströck

Was gefällt Ihnen an Ihrer Arbeit
besonders?
Am liebsten mache ich Weihnachts-
kekse – speziell das Einpacken
macht mir sehr viel Spaß. Die
Saisonware ist immer eine schöne
Abwechslung zum Tagesgeschäft.

Worin besteht für Sie die Kunst eines
guten Brotes?
Die Verwendung von natürlichen Zutaten und das Erzielen des perfekten
Geschmacks.

Welches Gebäck mögen Sie am liebsten
und warum?
Veganer Cranberryspitz – mein
Sonntagsfrühstück. Die perfekte
Kombination mit meinem Früh-
stückskaffee.

Welche Mehlspeise schmeckt Ihnen am
besten?
Marillenkuchen. Ich liebe Backwaren
mit saisonalen Früchten. Da kann
man nie etwas falsch machen.

CLAUDIA BÖHM

43 Jahre | Bereichsleitung
Filialen | Seit 22 Jahren bei Ströck

Was gefällt Ihnen an Ihrer Arbeit besonders?
Die Abwechslung und die Flexibilität im täglichen Arbeitsumfeld. Die Werte, der familiäre Hintergrund und die Vorreiterrolle des Unternehmens.

Worin besteht für Sie die Kunst eines guten Brotes?
Die Leidenschaft, die einfach da sein muss, um es umzusetzen, und natürlich herausragende Rohstoffe.

Welches Gebäck mögen Sie am liebsten und warum?
Unser Aboriginesweckerl, weil die Zutaten einfach so abwechslungsreich schmecken.

Welche Mehlspeise schmeckt Ihnen am besten?
Vegane Kirsche – das perfekte Dessert.

LAURA SCHAFHAUSER

22 Jahre | Konditorlehre von 2014
bis 2017, aktuell Teil des Feierabend-
Bäckereiteams | Seit sechs Jahren
bei Ströck

*Was gefällt Ihnen an Ihrer Arbeit
besonders?*
Wenn es mir gelingt, alles so präzise
umzusetzen, wie ich es mir vor-
stelle.

*Worin besteht für Sie die Kunst eines
guten Brotes?*
Dass man den richtigen Geschmack
hinbekommt.

*Welches Gebäck mögen Sie am liebsten
und warum?*
Laugencroissant – es ist so schön
weich.

*Welche Mehlspeise schmeckt Ihnen am
besten?*
Mozartkuchen – die perfekte, eben
nicht allzu süße Kombination aus
Biskuit und Schoko.

FABIENNE MELZER-NADARAJAH

35 Jahre | Einkauf und Rohstoffeinkauf | Seit 7 Jahren bei Ströck

Was gefällt Ihnen an Ihrer Arbeit besonders?
Dass sie abwechslungsreich ist und ich viele Einblicke in die jeweiligen Bereiche bekomme. Gleichzeitig kann ich mir viel „Bäckerwissen" aneignen, das mir auch in der eigenen Küche zugutekommt.

Worin besteht für Sie die Kunst eines guten Brotes?
Aus den besten Rohstoffen, der langjährigen Erfahrung, Leidenschaft und Zeit.

Welches Gebäck mögen Sie am liebsten und warum?
Ich bin ein großer Fan von unserem Bio-Roggen Pur Weckerl. Außen schön knusprig und innen saftig.

Welche Mehlspeise schmeckt Ihnen am besten?
Am liebsten mag ich Biskuitroulade. Sie erinnert mich an meine Kindheit, und die schöne Zeit, die ich bei meiner Oma am Land verbracht habe.

MICHAEL MEIDINGER

53 Jahre | Expeditmitarbeiter | Seit
29 Jahren bei Ströck

*Was gefällt Ihnen an Ihrer Arbeit
besonders?*
Es ist immer etwas los und wird nie
langweilig.

*Worin besteht für Sie die Kunst eines
guten Brotes?*
Brot ist ja nicht gleich Brot. Die Vielfalt machts aus. Und die macht Brot
gewissermaßen einzigartig.

*Welches Gebäck mögen Sie am liebsten
und warum?*
Das Bio-Sonnenblumenweckerl. Für
mich ist es vom Geschmack her einfach das Beste.

*Welche Mehlspeise schmeckt Ihnen am
besten?*
Kathis Beerenkuchen – allein schon,
weil Beeren zu meinem Lieblings-
früchten gehören.

CHRISTINE HESSLER

54 Jahre | Bäckereiarbeiterin in
der Konditorei | Seit 37 Jahren bei
Ströck

*Was gefällt Ihnen an Ihrer Arbeit
besonders?*
Die tägliche Abwechslung und
Herausforderung.

*Worin besteht für Sie die Kunst eines
guten Brotes?*
Die Entstehung unserer einzigartigen
Brote fasziniert mich sehr, vor allem
auch das immense Bäckerwissen.
Dieses Wissen ist Kunst.

*Welches Gebäck mögen Sie am liebsten
und warum?*
Bio-Roggen-Pur, weil es sehr saftig
ist, lange frisch hält und sehr, sehr
gut schmeckt.

*Welche Mehlspeise schmeckt Ihnen am
besten?*
Topfengolatsche – wenn sie frisch
und saftig ist.

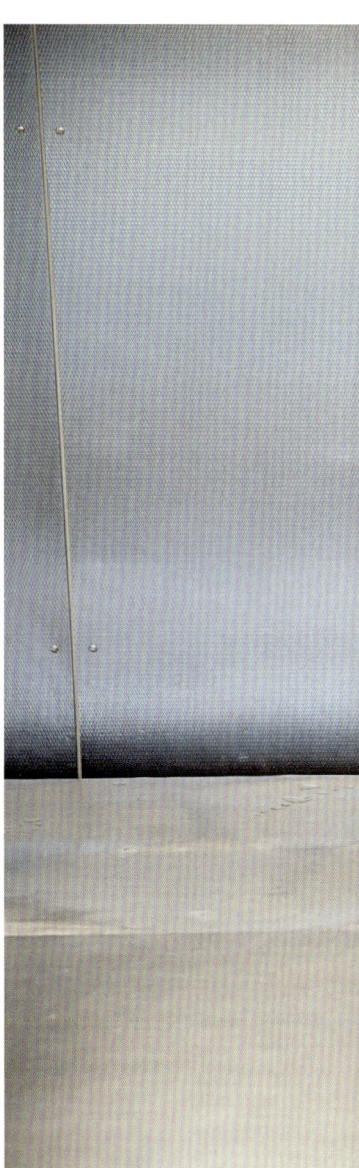

58

BEATE HERBST

39 Jahre | Stellvertretende
Produktionsleiterin Küche | Seit
18 Jahren bei Ströck

Was gefällt Ihnen an Ihrer Arbeit besonders?
Das Zubereiten unserer warmen
Produkte und der Salate.

Worin besteht für Sie die Kunst eines guten Brotes?
Ein gutes Händchen und Liebe zu
seinem Handwerk zu haben.

Welches Gebäck mögen Sie am liebsten und warum?
Ich bin ein großer Fan von unserem
Bio-Roggen Pur Unsere Laugenge-
bäcke – man kann es süß und pikant
füllen.

Welche Mehlspeise schmeckt Ihnen am besten?
Cremekrapfen – der geht einfach
immer.

GÜNTHER HAIDER

41 Jahre | Stellvertretender
Produktionsleiter Küche | Seit
12 Jahren bei Ströck

*Was gefällt Ihnen an Ihrer Arbeit
besonders?*
Tägliche Herausforderung, sich
und sein Team zu Bestleistung zu
bringen.

*Worin besteht für Sie die Kunst eines
guten Brotes?*
Seine ganze Liebe für das fertige
Produkt einzusetzen.

*Welches Gebäck mögen Sie am liebsten
und warum?*
Die Laugenstange und die Feier-
abend-Brote.

*Welche Mehlspeise schmeckt Ihnen am
besten?*
Vanillekrapfen – gefüllt mit der besten Vanillecreme überhaupt.

MARTINA SCHAFFER

32 Jahre | Personalentwicklung und Lehrlingsbeauftragte | Ab 2004 mit Unterbrechungen – wieder fix seit sechs Jahren

Was gefällt Ihnen an Ihrer Arbeit besonders?
Die Zusammenarbeit mit unseren Lehrlingen sowie mit den Kolleginnen und Kollegen.
Vor allem gefällt mir hier, Teil der einer kontinuierlichen Weiterentwicklung zu sein.

Worin besteht für Sie die Kunst eines guten Brotes?
Es fasziniert mich immer wieder, was unsere Kollegen aus Mehl, Wasser und Salz zaubern. Ein richtig gutes Brot erzählt auch eine Geschichte, von alten Getreidesorten und regionalem Anbau.

Welches Gebäck mögen Sie am liebsten und warum?
Die Bio-Handsemmel: außen knusprig, innen schön fluffig und sehr g'schmackig.

Welche Mehlspeise schmeckt Ihnen am besten?
Apfeltasche: Ich liebe die Mischung aus frischen Äpfeln und Blätterteig. Passt perfekt zum Kaffee.

JASMIN DANI

19 Jahre | Einzelhandellehrling im dritten Lehrjahr | Seit zwei Jahren bei Ströck

Was gefällt Ihnen an Ihrer Arbeit besonders?
Das aktive Verkaufen und die Zusammenarbeit mit Menschen. Darüber hinaus interessiere ich mich sehr für aktuelle Ernährungstrends.

Worin besteht für Sie die Kunst eines guten Brotes?
Auf jede Zielgruppe einzugehen, ihr einfach ein gutes Angebot zu machen. Darum bieten wir auch so eine große Vielfalt.

Welches Gebäck mögen Sie am liebsten und warum?
Das Bio-Feierabend-Christoph-Brot, weil es aus Weizennatursauerteig besteht – die Kruste ist sehr resch und innen ist es schön luftig.

Welche Mehlspeise schmeckt Ihnen am besten?
Die Erdbeerschnitte, weil sie ein feines saisonales Produkt ist und so viel Zeit in die Produktion gesteckt wird.

IRENE LIEBERT

53 Jahre | Buchhalterin | Seit
20 Jahren bei Ströck

Was gefällt Ihnen an Ihrer Arbeit besonders?
Teil eines sich immer weiterent-wickelnden Teams zu sein, die abwechslungsreiche Aufgaben und neuen Herausforderungen.

Worin besteht für Sie die Kunst eines guten Brotes?
Das ideale Zusammenspiel der Inhaltsstoffe und der Zeit, die die Herstellung einfach braucht.

Welches Gebäck mögen Sie am liebsten und warum?
Das Bio Kärntnerbrot, dazu einfach Butter und Schnittlauch. Oder pur. Eine Scheibe geht immer.

Welche Mehlspeise schmeckt Ihnen am besten?
Die Topfenrolle. Manchmal habe ich zwar ein schlechtes Gewissen wegen der Figur – aber Genuss ist ja auch ein wichtiger Teil des Lebens.

PETER FUCHS

51 Jahre | Haustechniker | Seit
25 Jahren bei Ströck

*Was gefällt Ihnen an Ihrer Arbeit
besonders?*
Die abwechslungsreiche Tätigkeit.

*Worin besteht für Sie die Kunst eines
guten Brotes?*
Die Qualität muss stimmen. Und
natürlich der Geschmack.

*Welches Gebäck mögen Sie am liebsten
und warum?*
Das Bio-Roggenvollkorn-Eck, weil es
gesund ist.

*Welche Mehlspeise schmeckt Ihnen am
besten?*
Generell alle (lacht). Aber mein
absoluter Favorit ist die Nougat-
schnitte – für mich einfach ein einziger Schokotraum.

CHRISTIAN STARINGER

52 Jahre | Fahrer und Werkstattleiter |
Seit 28 Jahren bei Ströck

Was gefällt Ihnen an Ihrer Arbeit
besonders?
Die abwechslungsreiche Tätigkeit.
Und man lernt Wien sehr gut
kennen.

Worin besteht für Sie die Kunst eines
guten Brotes?
Das Handwerk und das dazugehörige
Know-how.

Welches Gebäck mögen Sie am liebsten
und warum?
Das Baguette – ein echter Klassiker, der mir einfach am besten
schmeckt.

Welche Mehlspeise schmeckt Ihnen am
besten?
Schokocroissant – ich bin ein großer
Schokofreund.

STEPHANIE DÜRRSTEIN

34 Jahre | Projektmanagement | Seit neun Jahren bei Ströck

Was gefällt Ihnen an Ihrer Arbeit besonders?
Die Entfaltungsmöglichkeit in den einzelnen Projekten. Man gewinnt sehr viele Einblicke, etwa die Kreisläufe vom Rohstoff über den Bäcker- bis hin zum Kunden.

Worin besteht für Sie die Kunst eines guten Brotes?
Ich bewundere das immense Know-how unserer Bäcker, für mich sind das echte Künstler. Das macht jedes Brot einzigartig.

Welches Gebäck mögen Sie am liebsten und warum?
Eine Bio-Handsemmel frisch aus dem Ofen – einfach mit etwas Butter und Salz. Herrlich. Zum täglichen Brot gehört auf jeden Fall das Bio-Feierabend-Christoph-Brot.

Welche Mehlspeise schmeckt Ihnen am besten?
Omas Kipferl – das schmeckt wirklich wie bei der Oma.

Loyalität kann man nicht kaufen

Wie der Bäckergeselle Tibor Fischer zum ersten Mitarbeiter von Ströck-Brot wurde – und warum er 36 Jahre lang blieb.

Sie scheinen sich gleich verstanden zu haben, Johann Ströck und Tibor Fischer. Was vielleicht auch daran lag, dass sie beide aus dem Burgenland kamen. 1965 ging der aus dem südburgenländischen Güssing gebürtige Bäckergeselle nach Wien. Zur Bäckerei Klima in der Langobardenstraße. Es war jene Bäckerei, die fünf Jahre später der aus dem nordburgenländischen Kittsee stammende Johann Ströck nach dem Tod des Besitzers übernehmen sollte.

Tibor Fischer war also schon da – und blieb. „Es wurde ein bisserl lockerer mit ihm", sagt der heute 75-Jährige. „Aber die Arbeit wurde mehr, mir hat das gefallen."

Die Nacht wurde durchgearbeitet, untertags wurde ausgeliefert. „Ich war Bäcker, Chauffeur und bald sowas wie ein Familienmitglied. Es war eine wunderschöne Zeit." So war es dann nicht verwunderlich, dass sein Bäckermeister im September 1970 auch sein Trauzeuge wurde. Zudem verband sie ein gemeinsames Hobby, das Sammeln von Münzen. Regelmäßig fuhren sie abends gemeinsam in ein Kaffeehaus im dritten Wiener Gemeindebezirk, um dort im Kreis von Gleichgesinnten Münzen zu tauschen. An den Wochenenden begleitete Fischer seinen Chef immer wieder heim, zur Familie in Kittsee. Und sechs Mal in der Woche rückte er um 3:15 Uhr morgens mit dem Auto aus, um Bäckersohn Gerhard zu seiner Konditor-Lehrstelle am Wiener Rennweg, der Bäckerei Schlögl & Faber, zu chauffieren.

Nach dem Schlaganfall von Johann Ströck 1977 war er es, der bereitwillig die Medikamente für seinen ehemaligen Chef holte. Für Fischer eine Selbstverständlichkeit.

„Herr Ströck war ein feiner Mann. Ich habe viel gearbeitet, aber er hat mir jeden Handgriff bezahlt. Ich habe wirklich sehr gut verdient, und es hat großen Spaß gemacht." Bloß ein Mal war Schluss mit lustig: Als Johann Ströck seinem Mitarbeiter

Nummer 1 das Du-Wort anbot, lehnte dieser ab. „Er war mein Chef, das wollte ich nicht. Im Du sagt man manchmal was, das später bereut wird."

In den 1970er-Jahren war der fesche junge Fischer nicht nur in der Backstube zugange, er erwies sich auch als exzellenter Verkäufer bei den „fliegenden Märkten", die damals rund um die neu errichteten Gemeindebauten in der Donaustadt florierten. Gerhard Ströck begleitete ihn einst. „Beim Tibor haben sich ständig die jungen Frauen angestellt, und ich habe mich damals gefragt, was hat der, was ich nicht habe?", erinnert er sich schmunzelnd.

Was er sicher hatte, war dessen unerschütterliche Loyalität. Als Fischer 2006 in Pension ging, war dies nicht das Ende der Beziehung zur Ströck-Familie. Zu größeren Feiern und Weihnachtsfesten wird er nach wie vor eingeladen – und kommt gerne.

Die ungeheure Expansion der Bäckerei Ströck sieht er positiv. „Ein größerer Betrieb hat große Vorteile, es gibt eine gute Kollegialität, weil sich alles auf mehr Mitarbeiter verteilt. Und es war schon toll zuzusehen, wie sich der Betrieb entwickelte."

2007 schaffte er es sogar in die Zeitung. „Als die Zentrale in der Donaustadt die Adresse Johann-Ströck-Gasse 1 erhielt, kamen der Bürgermeister Häupl und der Pfarrer aus Kittsee, der sie segnete. Da gibt es ein Bild, in dem ich auch drauf bin."

Tibor Fischer selbst blieb trotz seines Naheverhältnisses zur Eigentümerfamilie sein ganzes Berufsleben lang Bäcker. 36 Jahre lang arbeitete er – die Verkaufsausflüge zu den „fliegenden Märkten" ausgenommen – in der Backstube. Er wollte das so. Sein Lieblingsbrot? „Salzstangerl", kommt es wie aus der Pistole geschossen. In den 1970er-Jahren fertigten sie täglich etwa 300. Als er in Pension ging, waren es „eher 30.000".

Ob er nun in der Pension zu Hause selbst Brot backe? „Auf keinen Fall", winkt Tibor Fischer ab. Denn bei Brot gebe es für ihn nur eine Adresse: den Ströck. Loyalität kann man eben nicht kaufen.

„Wer Erfolg hat, soll davon etwas weitergeben"

Er gilt als Antreiber und einer, der rasche Entscheidungen liebt. Zum Interview jedoch kommt ein entspannter, zurückgelehnter Gerhard Ströck. Ein guter Moment also, um mit dem Bäckermeister über die wichtigen Dinge im Leben zu reden. Zwar ist ausgemacht, dass es nicht um Brot gehen wird: An seiner täglichen Arbeit führt in dem Gespräch dennoch kein Weg vorbei.

Von Reinhard Göweil

Sie sind dafür bekannt, rasch zu entscheiden und dann auf eine ebenso rasche Umsetzung zu drängen.
Ich bin nun einmal diszipliniert und ehrgeizig. Und mir ist schon klar, dass ich fordernd bin, aber ich würde niemals etwas verlangen, was ich nicht auch mir selbst abverlangen würde. Gleichzeitig bin ich aber sehr großzügig, vor allem gegenüber unseren Führungskräften. Für mich gilt: Wer Erfolg hat, soll davon etwas weitergeben, eben etwa in Form eines überdurchschnittlichen Lohns. Da waren wir sicher Vorreiter in der Branche.

Aber ungeduldig sind Sie schon?
Ich bin ja eigentlich gelernter Konditor. Ich weiß, wie man viele Cremeschnitten in bester Qualität produzieren kann, aber für verzierte Hochzeitstorten fehlt mir die Geduld.

GERHARD STRÖCK,
Jahrgang 1958, im Wordrap

Hobby?
Radfahren. Mit dem Mountain-Bike und mit Augenmaß, ich bin kein Extremsportler.

Lieblingstier?
Hund.

Lieblingsfarbe?
Blau. Ist auch mein Favorit bei meiner Kleidung.

Lieblingslied?
Spontan: *Sweet Caroline* von Neil Diamond

Lieblingssendung bzw. -film aus Radio, TV und Kino?
Radio Burgenland, speziell das Nachmittagsprogramm. Im Fernsehen Dokus zu Zeitgeschichte-Themen. Bei Kinofilmen gilt: Hauptsache gute, anspruchsvolle Unterhaltung.

Poloshirt oder maßgeschneiderte Anzüge?
Poloshirt und Jeans. Beide nicht maßgeschneidert.

Wer hat Ihre Hochzeitstorte vor 37 Jahren dann gemacht?

(lacht) Ich habe das noch nie gesagt, aber es war der Konditor Nahodil, damals im vierten Bezirk.

Wenn Sie kein Bäcker wären, welches Unternehmen oder welches Produkt würden Sie gerne besitzen oder weiterentwickeln?

Das kann ich mir ehrlich nicht vorstellen. Nach 50 Jahren nicht Brot zu backen und dabei ständig an Verbesserungen zu arbeiten, ist außerhalb meiner Vorstellungswelt.

Obwohl die tägliche Arbeit wohl wenig mit einem friedlichen Bäcker-Idyll gemein hat.

Natürlich ärgert man sich manchmal. Vor allem aber ärgere ich mich über mich, wenn ich Fehler nicht nur ein Mal, sondern zwei- oder dreimal mache. Ich bin halt anspruchsvoll, auch mir selbst gegenüber.

Was begeistert Sie vorbehaltlos?

Eine positive Begegnung und gute, lieber noch: sehr gute Gespräche.

Sie sind Unternehmer, führen gemeinsam mit Ihrer Frau Gaby, Ihrem Bruder Robert und dessen Frau Irene einen großen Familienbetrieb mit 1.400 Mitarbeitern. Wie investieren Sie Ihr Geld?

Privat bin ich eher vorsichtig. Mein ältester Sohn Michael ist gerade sehr erfolgreich in der Gründer-Szene unterwegs, da schaue ich mir schon paar Sachen an, das ist sehr innovativ. Gemeinsam mit einem Partner hat er einen Start-up-Fonds initiiert, der findet gute Resonanz. Da bin ich schon stolz und will – ausschließlich als privater Investor – dabei sein. Sonst habe ich vor allem in die Firma investiert. Dafür bin ich natürlich ins Risiko gegangen, es ging mir schließlich auch um Wachstum. Aber Zocker bin ich keiner.

Wenn Ihre Söhne auch einmal etwas ungeduldig werden sollten und sagen: „Papa, ab morgen machen wir das so." Wie reagieren Sie darauf?

Super, bin ich sofort dabei.

Sie sind ja sehr kunst- und kulturinteressiert. Wenn Sie Dirigent wären, welches Werk würden Sie gerne aufführen?

(wie aus der Pistole geschossen) Anton Bruckners Te Deum. Für mich eines der herausragenden Chorwerke von Bruckner und sicher der Höhepunkt seines Schaffens.

Von der Kunst ist es ja nur ein kleiner Schritt bis zu Religion. Glauben Sie an Gott?

Ich war sieben Jahre Ministrant in Kittsee und damals ein ehrfürchtiger Katholik. Heute sehe ich es rationaler. Ich glaube nicht an die Wiederauferstehung, aber es gab schon ein prägendes Erlebnis: Als mein Vater im Koma lag, hat ihn im Spital der Pfarrer von Stadlau besucht, der ihn kannte. Mein Vater lag einfach da, nahm nichts mehr wahr. Der Pfarrer sagte „Grüß Gott, Herr Ströck" und gab ihm die Hand. Da hat er plötzlich gelächelt. Es gibt also etwas, das wir nicht begreifen, aber vor dem wir demütig sein sollten.

Im Vaterunser heißt es, „Unser tägliches Brot gib' uns heute". Hat Brotbacken für Sie eine metaphysische Ebene, die über Ernährung hinausgeht?

Mir gefällt der Text, er ist so melodisch. Jahrtausendelang war Brot die Lebensgrundlage der Menschen. Noch 1980 war das normale Mischbrot beim Umsatz Nummer eins, heute es nur noch Nummer 40. Normales Brot ist in unseren Breiten ein Massenprodukt wie jedes andere geworden. Leider.

Würden Sie sich auch als politischen Menschen – nicht im parteipolitischen Sinn – bezeichnen?

Bei uns in der Familie wurde nie viel politisiert, in dem Sinn, dass auf jemanden geschimpft wurde. Mein Vater hat gesagt: „Wir verkaufen unser Brot, egal was jemand gewählt hat." Als Jugendlicher war ich in Kittsee beim „roten" ASV Fußballspielen, weil ich dort meine Freunde hatte. Mein Onkel war Obmann der „schwarzen" Union. Dass die einen sozialdemokratisch und die anderen christlichsozial waren, spielte für mich keine Rolle. Das übrigens würde ich mir heute in der Parteipolitik ebenfalls wünschen: Nicht immer die Ideologie oder das Programm in den Vordergrund stellen, sondern gemeinsam etwas weiterbringen. Stattdessen wird

Für mich ist eben die Bäckerei mein Leben, aber ich kann nicht verlangen, dass andere es zu ihrem Leben machen.

nur ständig gejammert. Aber das bringt ja nix, man muss schon selber etwas einbringen.

Sie sind ja in mehrfacher Hinsicht in der Donaustadt groß geworden. Was bedeutet der Bezirk für Sie?

Die Wiener Donaustadt ist meine neue Heimat, ich bin glücklich, hier zu arbeiten und zu leben. Begraben aber werde ich in Kittsee.

Sie sind im Burgenland aufgewachsen und nach der Hauptschule in die große Stadt gezogen. Was hat Sie mehr geprägt, Land oder Stadt?

Am Land gibt es mehr Respekt vor Leistung und Eigentum. In einer Großstadt gibt es schon eine andere Sicht auf die Dinge. Die Anonymität macht respektloser, am Land ist das ganz anders. So gesehen hat es mich stärker geprägt.

Was ist die wichtigste Erkenntnis, die Sie ihren Söhnen versucht haben zu vermitteln?

Ehrlichkeit. Und das umzusetzen, was sie spüren und ihnen Freude macht. Ich bin sehr zufrieden, wenn meine Kinder gescheiter sind als ich.

Was war die wichtigste Erkenntnis, die Sie von Ihrem Vater mitgenommen haben?

Großes Vertrauen und Liebe. Er sagte zu mir nach seiner Krankheit, „Glaub" an dich. Ich vertraue dir, und du wirst es gut machen." Das war schon ein Auftrag für mich, aber gab mir auch Sicherheit. In meiner Lehrzeit zum Konditor etwa, ich lernte in einem Betrieb im dritten Bezirk, war ich während meiner Freizeit immer wieder in der Backstube meines Vaters tätig. Dort konnte ich zum ersten Mal das frisch erlernte Wissen in den Familienbetrieb einbringen. Vom Apfelkuchen bis zum Weihnachtsstollen habe ich dort gebacken, und mein Vater, der ja kein Konditor war, hat mir zugearbeitet. Dass der Meister dem Lehrbuben hilft, dieser gegenseitige Respekt, das hat mich schon geprägt – und mich natürlich auch ein wenig stolz gemacht.

Wo sehen Sie Ströck in 50 Jahren?

Das kann ich nicht sagen. Das Geschäft ist fordernd, manchmal ein täglicher Kampf. Jede Generation hat das Recht zu entscheiden, wie sie lebt und was sie aus dem Unternehmen machen will. Sie muss glücklich sein. Wenn die sagen, das ist es nicht mehr, dann sollen sie es verkaufen. Ohne Frauen beispielsweise würde eine Bäckerei wie die unsere mit unserem Qualitätsanspruch nie funktionieren. Wir haben sie zu viert hochgebracht, anders wäre es nicht gegangen. Wenn die Bäckerei Ströck heißt, aber andere Eigentümer hat, muss es mir recht sein. Gestalte dein Leben selber, das ist auch das Motto meines Vaters gewesen. Für mich ist eben die Bäckerei mein Leben, aber ich kann nicht verlangen, dass andere es zu ihrem Leben machen.

Herr Ströck, was ist der Sinn des Lebens?

Gesund und glücklich in einer Großfamilie leben zu können. Und gleichzeitig die wirklich guten, alten Freundschaften zu pflegen. Allein zu sein, hieße für mich, ein armes Leben zu führen. Es ist wie Brot ohne Salz. Wenn im Sommer alle zusammenkommen und in der Küche sitzen oder am Abend am großen Tisch beisammensitzen. Wenn sich die Enkerl an mich drücken, das gibt mir Energie und ist Glück. Und das ist auch der Sinn des Lebens.

72

„Vor allem in der Backstube

begleitet uns das

Thema Innovation

seit jeher, aber

natürlich auch bei

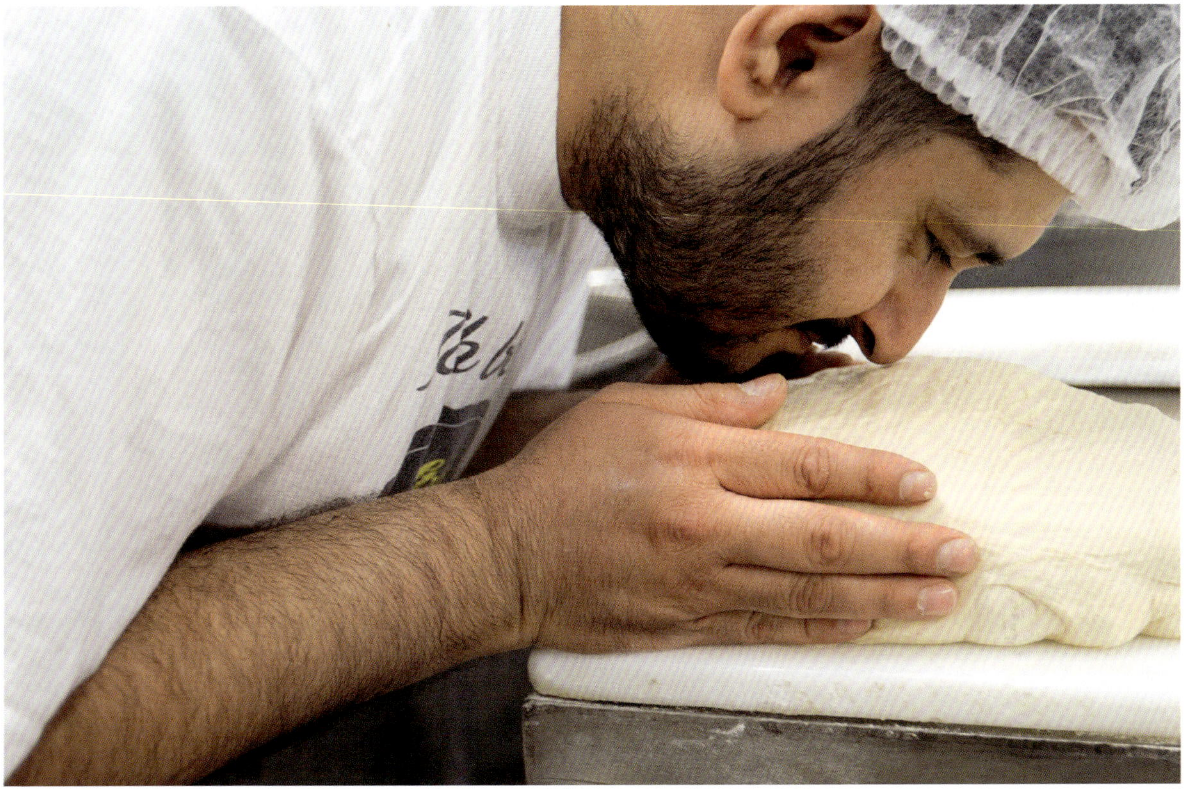

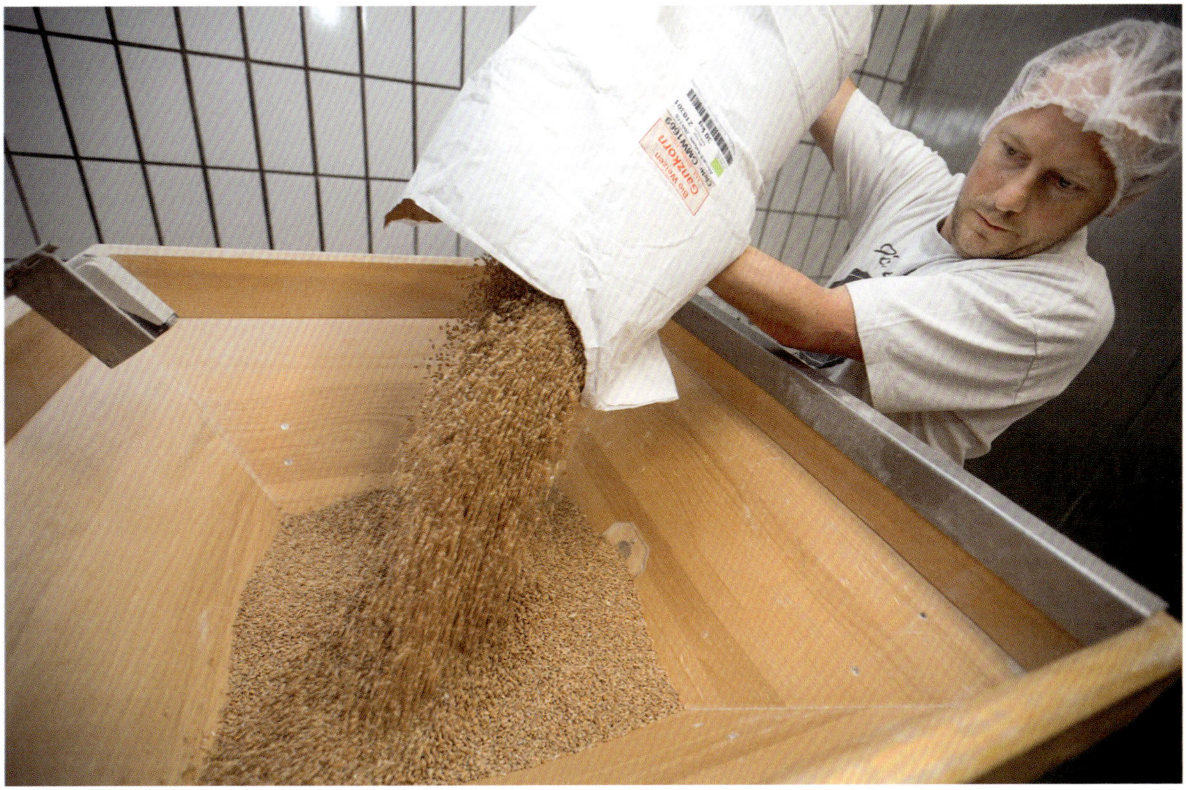
Bio Weizen
Ganzkorn

Bio, Fairtrade und der Schonung von Ressourcen. Dabei geht es nicht

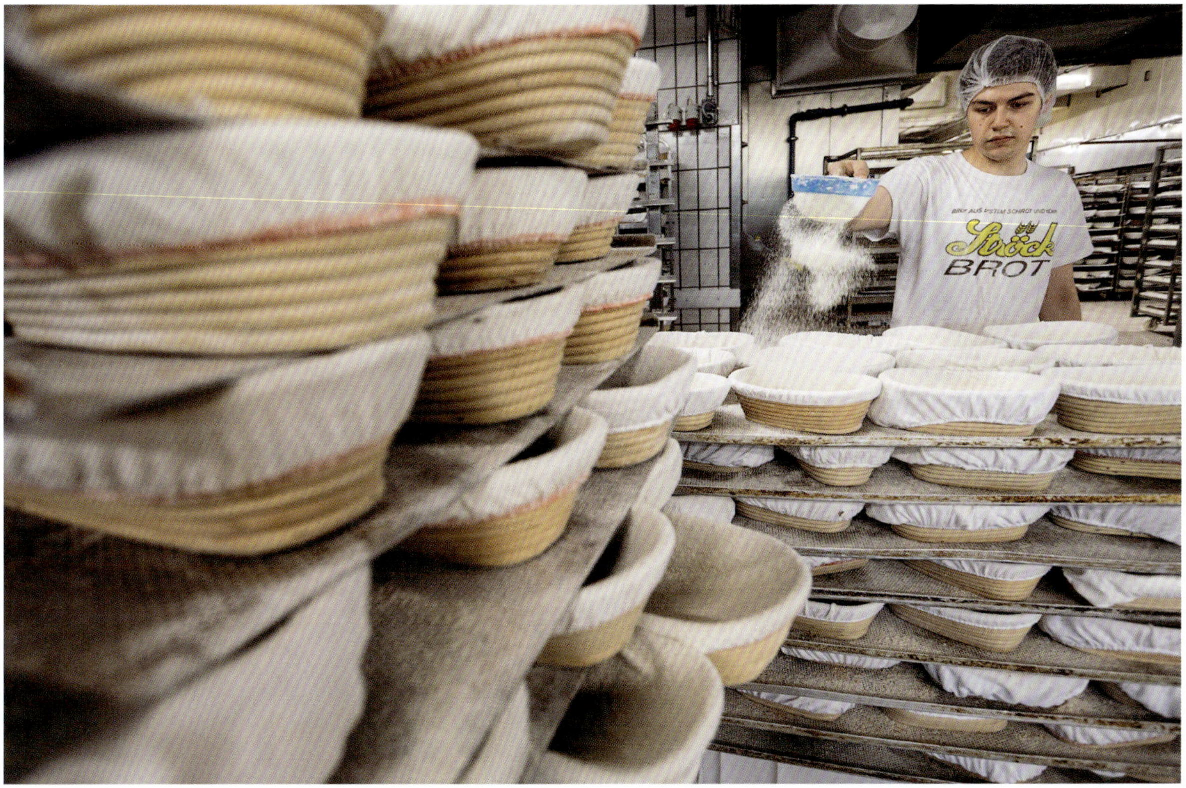
Ströck
BROT

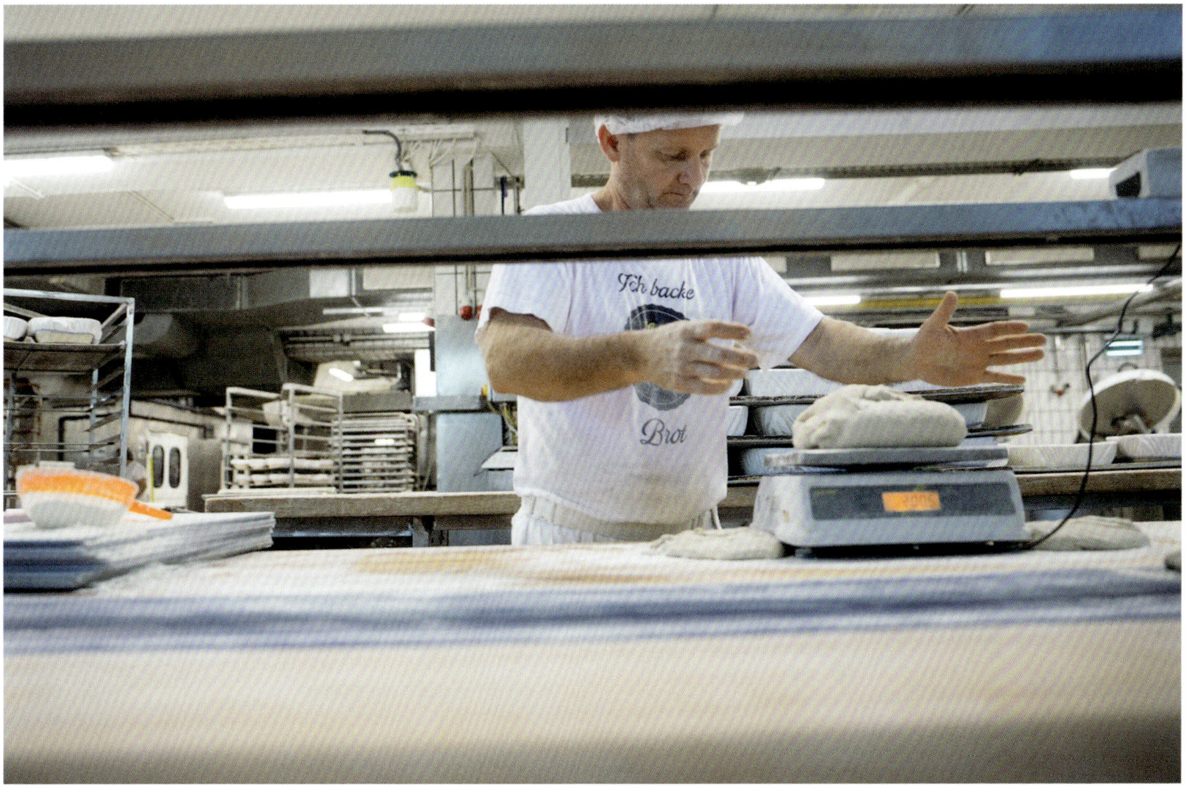
Ich backe
Brot

immer nur um

den einen großen

Wurf. Du musst

auch erkennen,

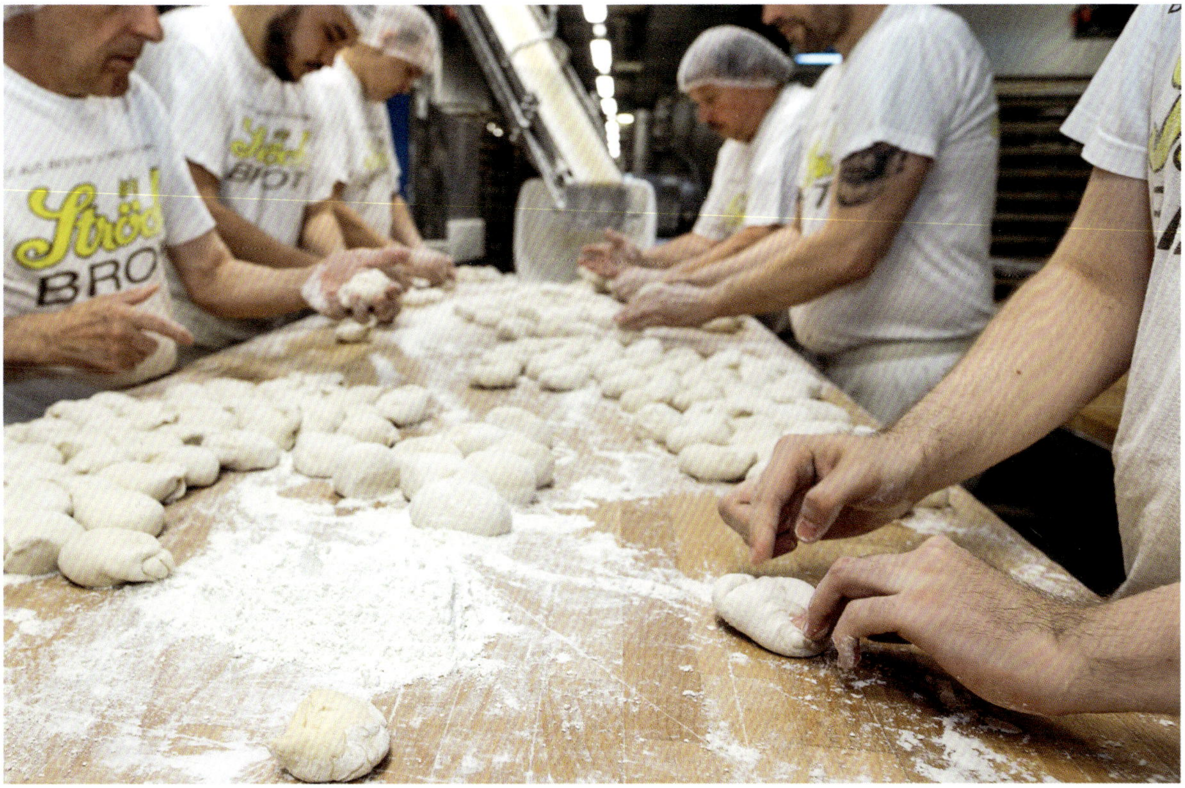

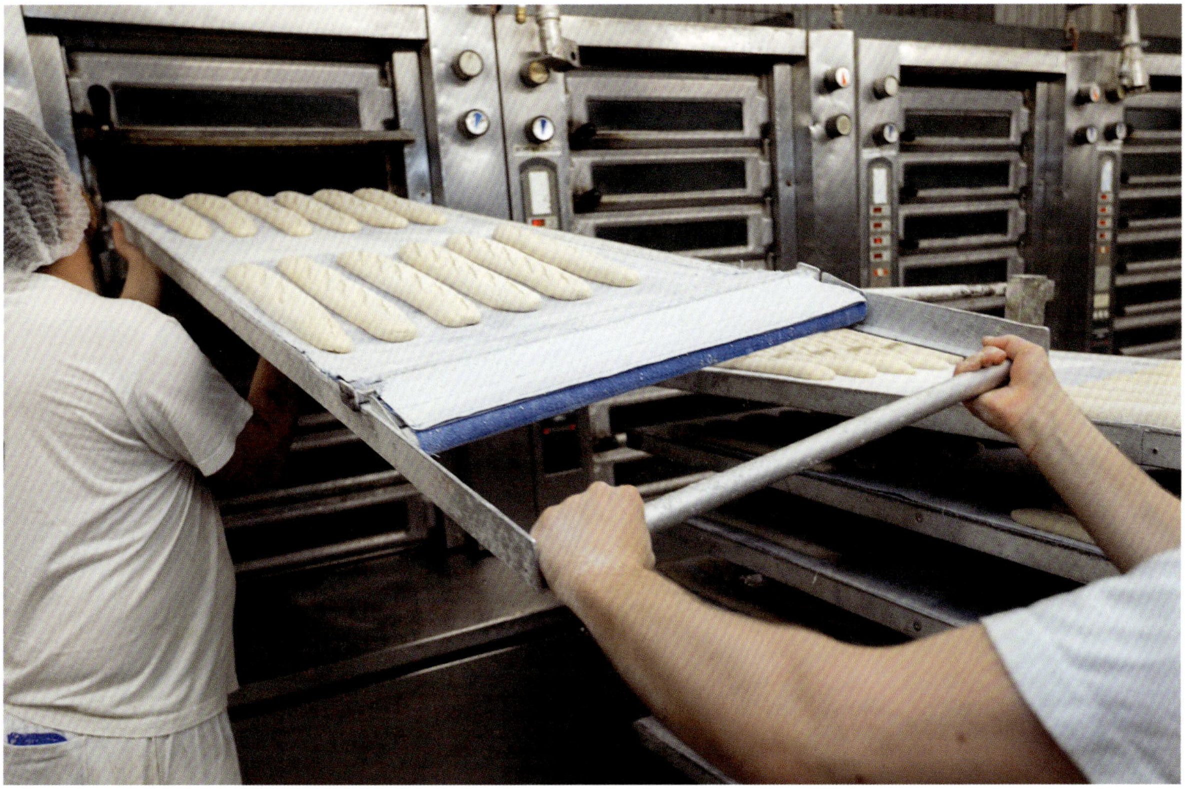

dass viele kleine

Veränderungen

eine enorme

Auswirkung

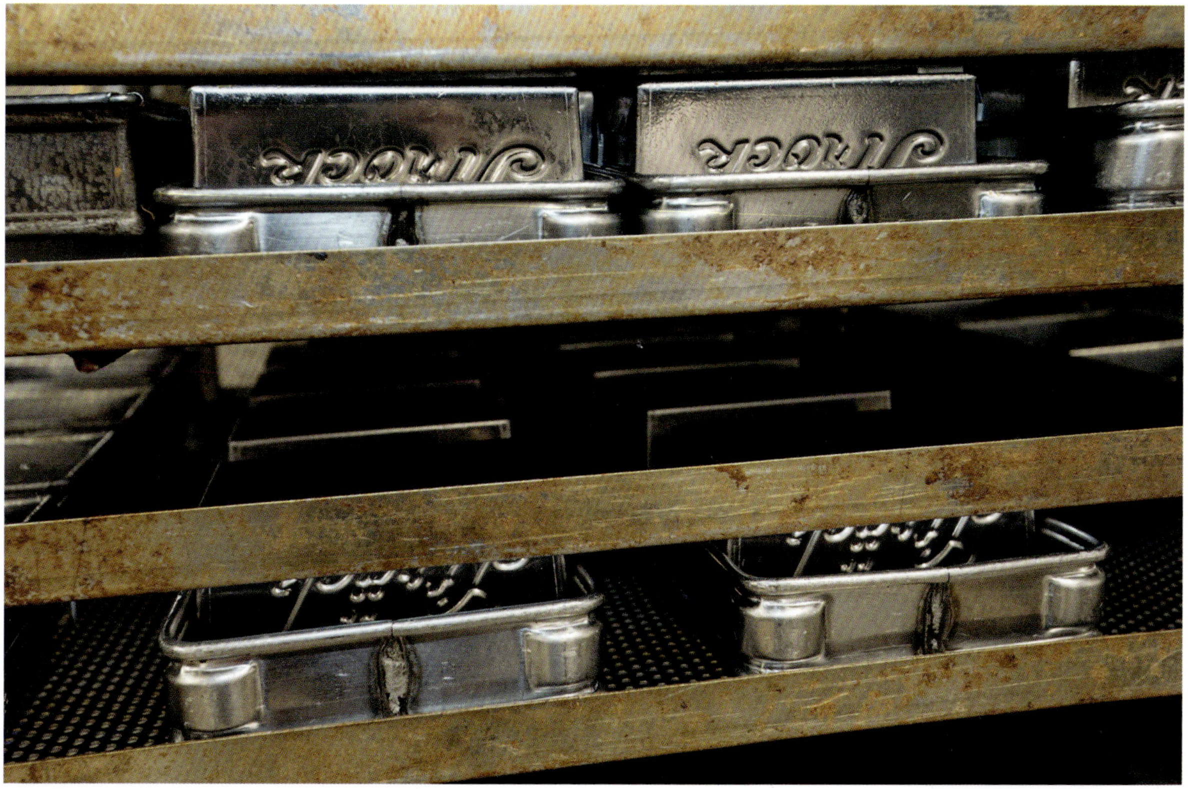

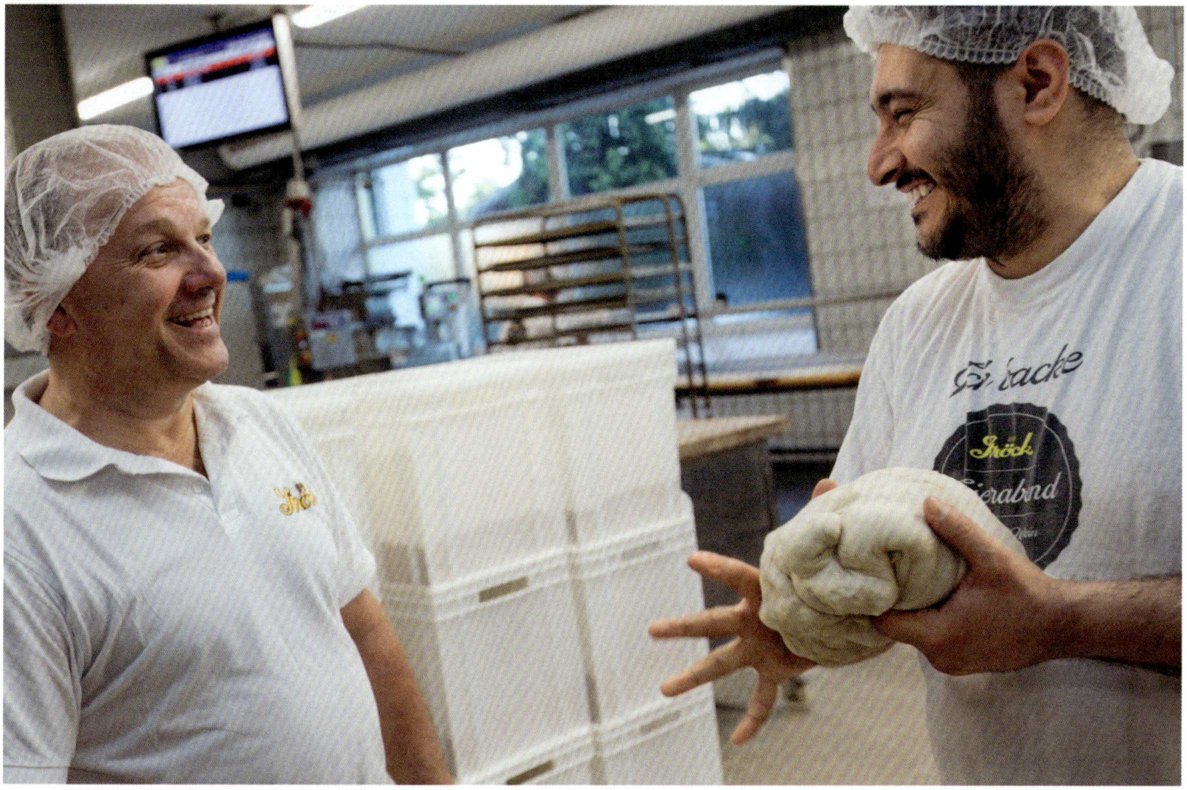

haben können.

Letztendlich

geht es immer

um die hohe

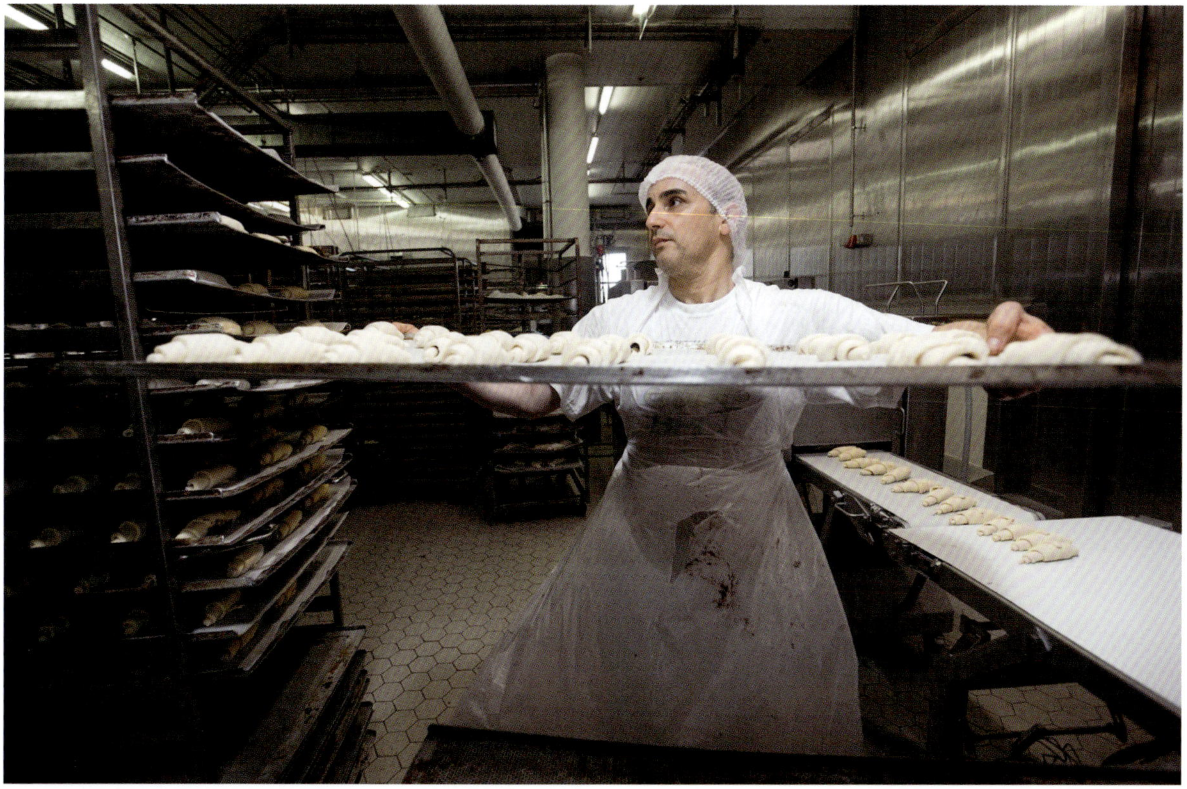

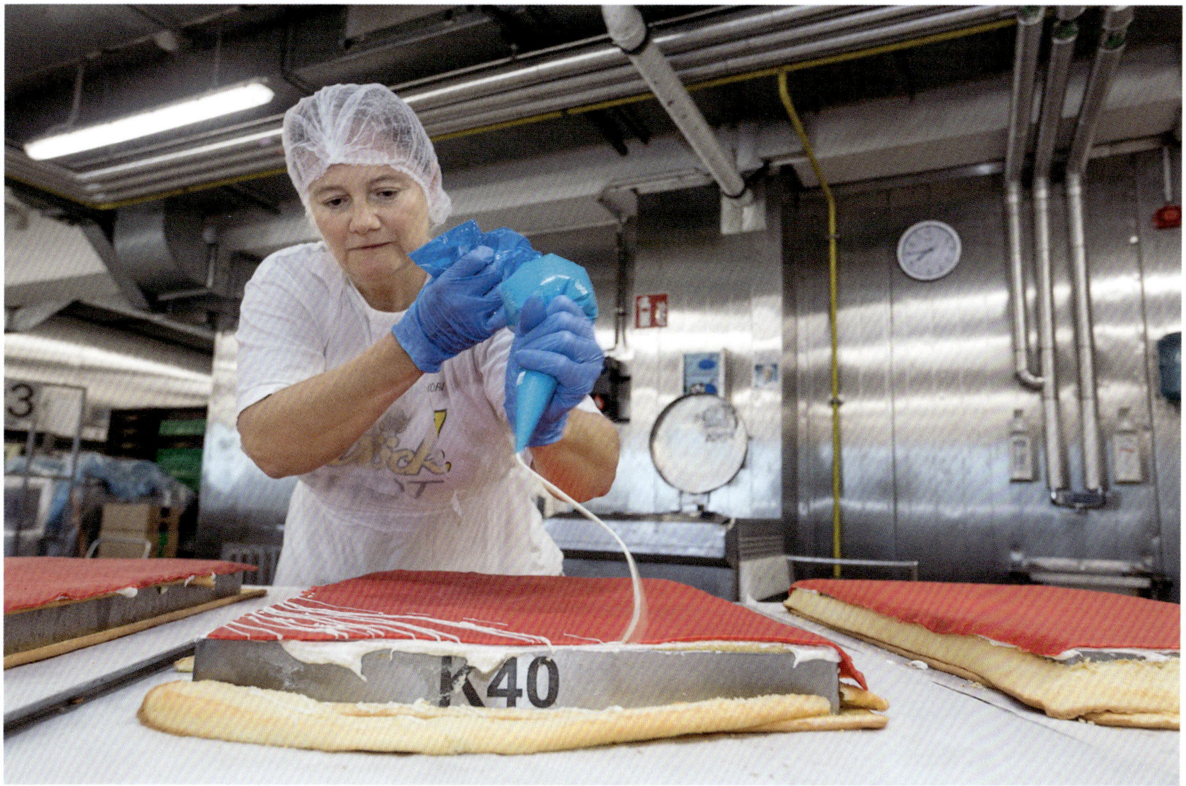
K40

Qualität unserer Backwaren und die Zufriedenheit unserer Kunden."

Philipp Ströck

Mehr darüber, wie man bei Ströck-Brot die Zukunft sieht, erfahren Sie ab Seite 102

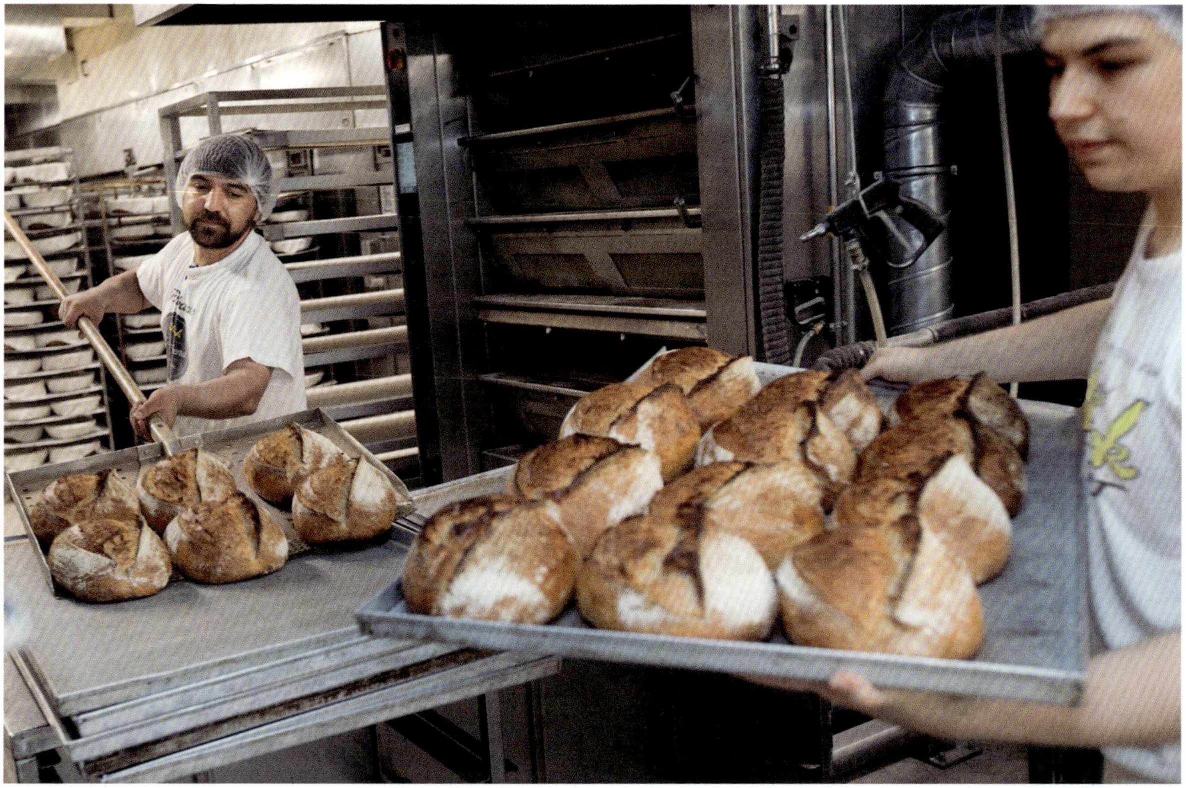

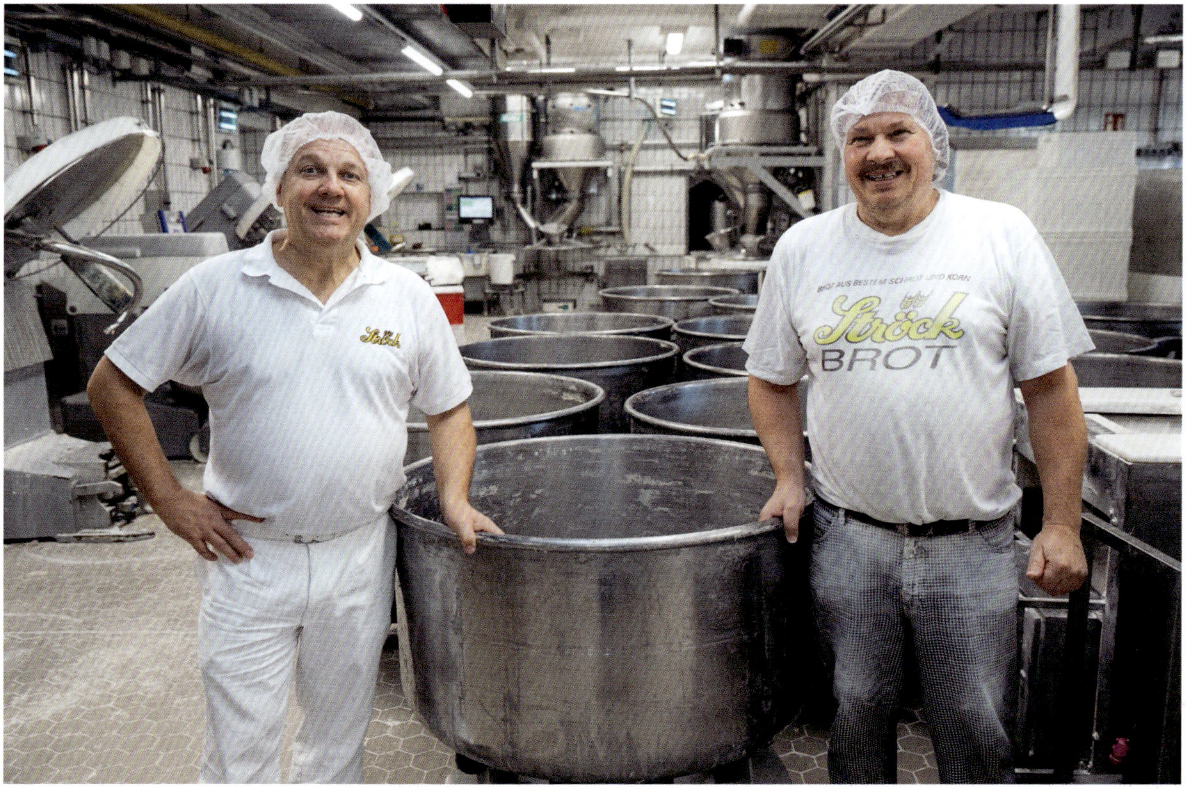
Ströck
BROT AUS BESTEM SCHROT UND KORN
Ströck
BROT

↑ Irene und Gaby Ströck

Starke Frauen

„Eigenverantwortung, Motivation und ein gutes Gespür für Menschen"

Seit den Anfangstagen dabei und noch immer an der Unternehmensspitze aktiv: Gaby und Irene Ströck über das Miteinander der Generationen, ihren Führungsstil und darüber, nicht nur eine Bäckerei, sondern gleich auch die dazugehörige Familie zu managen.

Die gesamte Wirtschaftsgeschichte ist geprägt von Familien-Unternehmen, in denen die Staffel über mehrere Generationen hinweg weitergegeben wurde. Nicht immer verlief dieser Wechsel reibungslos. Anlässe dafür gibt es genug: Wenn die Alten mit den Jungen nicht zusammenarbeiten können, sich die Interessen verschieben und ändern, oder wenn überhaupt das Schicksal ins Ruder greift – all das hat schon so manches Unternehmen in unruhiges Fahrwasser gebracht. Ströck-Brot hingegen ist schon seit drei Generationen auf Kurs. Mit ein Grund dafür – und nicht der geringste – sind Frauen.

Die Ehefrauen der Brüder Ströck, Gaby und Irene, sitzen nicht nur in der Geschäftsleitung des Betriebs, sondern haben auch eine entscheidende Rolle bei der Entwicklung von einer kleinen Backstube zum Großbäcker gespielt – womit sich das Unternehmen auch eine Quoten-Diskussion erspart, schließlich ist die Chefetage zur Hälfte weiblich besetzt, das schafft kein einziger Konzern, der im österreichischen Börse-Index ATX gelistet ist.

Zuständig für Filialen und Marketing bestimmen Gaby und Irene Ströck seit vielen Jahren maßgeblich Strategie und Außenauftritt des Unternehmens mit. Und etwas weibliche Intuition scheint angesichts der vielen nicht gerade schwachen Männer im Familienbetrieb auch nicht zu schaden.

„Ich würde meinen Führungsstil eher situativ bezeichnen", meint Gaby Ströck. „Er hängt auch von meinem jeweiligen Gegenüber ab. Vor allem mit langjährigen Führungspersonen ist er sicher partizipativ. Es macht ja auch Sinn, wenn qualifizierte Mitarbeiter ebenfalls ihre Ideen einbringen und selbst ein Teil der Lösung sind, aus meiner Erfahrung werden so alle Umsetzungen einfach breiter mitgetragen", sagt Gaby, die seit bald 40 Jahren

mit Gerhard verheiratet ist. Tatkräftig mitgeholfen hat sie in dem Betrieb, der ab den frühen 1980ern eine rasche Expansion hinlegte, schon davor. Doch damals war von eigenen Filialen und über 1.400 Mitarbeiterinnen und Mitarbeitern noch längst nicht die Rede. Gefragt war stattdessen das, was man heute neudeutsch „Hands-on"-Mentalität nennt.

Wie auch bei Irene Ströck, die Frau von Robert, die ebenfalls seit den frühen Tagen mit an vorderster Front steht. Auch für sie ist die Arbeit in einem Familienbetrieb mehr, als bloß die alten Werte zu bewahren. Wach sein, sich permanent neuen Situationen anzupassen, gehört für sie gewissermaßen zum Arbeitsalltag, schließlich sei Veränderung, so Irenes Credo, ein wichtiger Normalzustand, um ein Unternehmen wettbewerbsfähig zu halten: „Wir sind zwar alle operativ noch immer sehr stark im Tagesgeschäft eingebunden, haben aber schon vor vielen Jahren erkannt, dass wir neue Strukturen schaffen und eine klare Organisation errichten müssen. Dazu gehört eine flache Hierarchie mit kurzen Entscheidungswegen und einem schnellen Informationsfluss." Diese Philosophie werde vor allem an die Mitarbeiterinnen und Mitarbeiter in der Bereichs- und Filialleitung weitergegeben. „Eigenverantwortung, Motivation und ein gutes Gespür für Menschen, deren Erwartungen und deren Probleme, sind von entscheidender Wichtigkeit."

70 eigene Filialen unterhält Ströck heute, Aufbau und Betrieb laufen alles andere als statisch, sondern folgt einem dynamischen Prozess. Die Chefinnen ergänzen sich dabei. Irene ist - salopp gesprochen - eher die linke Gehirnhälfte, also analytisch und rational. Ihre Schwägerin hingegen ist die rechte Gehirnhälfte, intuitiv und kreativ. Beide zusammen sind für die Weiterentwicklung des Filialnetzes zuständig, dazu bedarf es immer wieder neuer Ideen, Ziele und Konzepte. Perma-

WACH ZU SEIN, SICH PERMANENT NEUEN SITUATIONEN ANZUPASSEN, GEHÖRT FÜR GABY UND IRENE STRÖCK GEWISSERMASSEN ZUM ARBEITSALLTAG.

nente Evolution gewissermaßen, vor allem was das Angebot betrifft.

Gaby Ströck: „Bio und damit Ressourcenschonung sowie bewusste Ernährung haben für mich immer Sinn ergeben, und diese Haltung sollte sich auch in unserem Sortiment wiederfinden. Verkauf muss kundenorientiert und am Puls der Zeit sein, aber der Kunde merkt, ob man nur Trends hinterherjagt und kopiert oder man tatsächlich seine eigene Philosophie vertritt. Erfolgreicher Verkauf funktioniert heute nur mehr über Emotion oder das Anbieten von Mehrwert – sei es Bio, alte Getreidesorten, das beste Croissant in Wien, langzeitgeführte und damit verträglichere Sauerteigbrote. Das geht dann bis zum Bio- und Fairtrade-Kaffee mit Hafermilch oder dem veganem Tofuweckerl. Brot und Gebäck allein gibt es überall."

Irene Ströck formuliert es hingegen so: „Vor allem eine Großstadt wie Wien ist einem permanenten Wandel unterzogen. Was vor wenigen Jahren noch als Toplage galt, hat unter Umständen heute an Frequenz und Kaufkraft stark verloren. Eine kontinuierliche Evaluierung der Filialstandorte ist also entscheidend. Diese Verschiebung der Kundenfrequenz erfordert mitunter mutige Schritte. Dazu gehört die Schließung und natürlich auch die Eröffnung neuer Standorte, wie etwa gerade eben im gänzlich neu entstandenen Bezirksteil Seestadt Aspern." Und wie sieht die Strategie für die Zukunft aus? „Hier stehen die Zeichen vor allem auf Optimierung des Filialnetzes, weniger auf weitere Expansion. Stattdessen sollen neue Vertriebswege, innovative Shop-Konzepte und digitale Interaktionsmöglichkeiten unser Wachstum stärken."

Am betrieblichen Erfolg zu arbeiten, ist die eine Herausforderung. Die andere, Geschäft und Familie zu verzahnen. Schließlich trägt man im Gegensatz zu einem reinen Management-Job so manches geschäftliche Thema mit nach Hause. Gaby und Irene sind ja nicht nur Teil der Unternehmensspitze, sondern auch Ehefrauen – und Mütter. Seit einigen Jahren übernehmen auch die Jungen immer mehr Verantwortung im Betrieb. Wie geht es den beiden dabei? Gaby Ströck nähert sich dem Thema philosophisch. „Wie unterscheidet man zwischen Ehemann und Mit-Geschäftsführer?", sinniert sie. „Man muss einfach lernen, damit zurechtzukommen, und versuchen, Geschäft und Privat zu

„WIE UNTERSCHEIDET MAN ZWISCHEN EHEMANN UND MIT-GESCHÄFTSFÜHRER? MAN MUSS EINFACH LERNEN, DAMIT ZURECHTZUKOMMEN, UND VERSUCHEN, GESCHÄFT UND PRIVAT ZU TRENNEN. FAMILIENBETRIEBE HABEN IHRE SCHWÄCHEN UND TÄGLICHEN HERAUSFORDERUNGEN, ABER AUCH IHRE UNBESTRITTENEN STÄRKEN."

trennen. Familienbetriebe haben ihre Schwächen und täglichen Herausforderungen, aber auch ihre unbestrittenen Stärken", sagt sie und fügt mit einem Schmunzeln an: „Aber das ist mit Sicherheit bei allen anderen Familienunternehmen genauso."

Für Irene ist es vor allem wichtig, dass die Freude an der gemeinsamen Sache nicht verloren gehe. „Natürlich trägt man manches mit heim, aber mit gegenseitigem Verständnis ist hier viel zu erreichen." Was die Zusammenarbeit mit den Söhnen betrifft, gibt sich die Geschäftsführerin vor allem pragmatisch: „Man muss die Jugend ihre eigenen Wege gehen lassen, es war ja auch bei uns nicht anders." Wenn man einmal nicht einer Meinung sei, gibt es in der Familie einen ganz klaren Modus: „Bei einem wichtigen Thema gilt immer: diskutieren und Kompromiss suchen." Gerade aufgrund unterschiedlicher Ansichten könne ja auch etwas überdurchschnittlich Gutes entstehen, meinen beide übereinstimmend. Letztendlich stehe aber das Wohl des Familienunternehmens an erster Stelle.

Und wenn man gleichzeitig Kinder aufzieht und das eigene Unternehmen mitentwickelt, könne die Zeit schon einmal knapp werden. Das war alles eher hartes Brot in jenen Tagen, könnte man sagen, zumal Gaby und Irene von den 1980ern bis ins Heute herauf auch die größere Geschichte rund um den Namen Ströck im Blick hatten. Nennt sich gemeinhin Marketing und beinhaltet so ziemlich alles abseits von Mehl, Backstube und Backwaren, also eine ganzheitlich gedachte Unternehmensführung, die weit über die reine Vermarktung hinausgeht.

Wie so oft gilt es dabei die alte Weisheit „Wozu in die Ferne schweifen, das Gute liegt so nah" zu beherzigen. Genau das taten die dafür zuständigen Unternehmerinnen. Wer wie Ströck in der Wiener Donaustadt groß wird, der hat auch die Alte Donau in der Nähe. Was lag also näher, die Kraft des Brotes mit der Kraft des Wassers zu verbinden? An sich simple Ideen sind großartig, in unserer verkopften Welt muss man sie aber erst einmal haben. Also unterstützte Ströck gezielt die heimischen Schwimmer und Segler. Der Einstieg in ein größer gedachtes, strategisches Sport-Sponsoring. Die späteren Olympia-Sieger Roman Hagara und Hans-Peter Steinacher gehörten bei den Seglern zu den ersten, danach folgten die Schwimmer und klingende Namen wie Mirna Jukić, Fabienne Nadarajah oder Markus Rogan.

Seither wird die Kombination von sportlicher Spitzenleistung, bewusster Ernährung sowie medialer Präsenz als perfektes Paket im Marketing gesehen, betonen die beiden Geschäftsführerinnen. „Und wir sind so gemeinsam mit vielen Sportlerinnen und Sportlern in der Bekanntheit gewachsen und es entstanden daraus viele Freundschaften, die bis heute halten." Wobei Schwimmer und Segler nicht die einzigen waren, die Ströck auf dem Weg Richtung Weltspitze begleitetebegleitete (mehr über die sportliche Seite des Familienunternehmens gibt es ab Seite 114 zu lesen).

Vor allem gegenseitige Sympathie und Vertrauen begründeten diese Partnerschaften. Womit ein weiterer Vorteil eines Familienbetriebs beschrieben wäre, der eben nicht bloß einen pekuniären, sondern auch einen gesellschaftlichen Mehrwert schaffen will.

Die Zukunft hingegen ist auch für ein Traditionsunternehmen wie Ströck digital. Zumindest wenn es um innovative Vertriebskanäle, Bezahlservices und die sogenannte „New Work" geht, so Gaby Ströck. „Durch die Corona-Krise hat sich jetzt vieles verschoben und beschleunigt, was man vorher in so kurzer Zeit nicht für möglich gehalten hätte. Viele laufende Strukturveränderungen wurden noch schneller vorangetrieben: Homeoffice, Lieferservices, Online-Bestellung, bargeldloses Zahlen."

Die Kernkompetenzen des Hauses, die Vielfalt an biologischen, nachhaltig produzierten Backwaren, bleibt dabei fest im Blick, werden aber immer wieder um neue Ideen angereichert. Dazu gehören nicht zuletzt die Verfeinerung des Feierabend-Konzepts mit neuen Angeboten und Standorten (einen gibt es sogar – zumindest temporär – seit mehreren Jahren beim Wiener Opernball), aber auch die Evolution des bestehenden Filial-Netzes. Obwohl die „Next Generation" im Haus schon kräftig nachrückt, haben die beiden Frauen durchaus eigene Gedanken, wohin sich die Ströck-Verkaufsstellen entwickeln sollen. „Die Funktion einer Filiale muss standortbezogen sein. In Hochfrequenzzonen, also etwa in den U-Bahnstationen, wird es eine andere Strategie und anderes Sortiment geben müssen als in einer Wohnanlage", sagt Gaby Ströck. Wie genau dieser Weg aussehen wird, können - oder wollen - die beiden nicht verraten. Nur so viel: Saisonaler, kommunikativer, mit einem größeren Gastro-Angebot könnte die Zukunft aussehen. Eine Erweiterung bei gleichzeitiger Fokussierung – das klingt alles andere als einfach. Und genau nach der richtigen Herausforderung für die beiden starken Frauen.

5 Jahrzehnte, 5 Rezepte
Die Klassiker ihrer Zeit zum Nachbacken

1970–1980

ROGGENMISCHBROT

„Als unsere Bäckerei noch in der Langobardenstraße war, standen die Kunden Schlange dafür. Es ist auch heute noch mein Lieblingsbrot."

Gaby Ströck

ZUTATEN FÜR 2 LAIBE

1-Stufen-Sauerteig

75 g Gerstel

75 ml lauwarmes Wasser

400 g gesiebtes Roggenmehl
(Type 960)

260 ml lauwarmes Wasser

Hauptteig

550 g gesiebtes Roggenmehl
(Type 960)

400 g gesiebtes Weizenmehl
(Type 1600)

20 g Germ

30 g Salz

30 g Brotgewürz (Fenchel, Koriander
und Kümmel zu gleichen Teilen im
Mörser zerstampfen; ist auch fertig im
Lebensmittelhandel erhältlich)

20 g Germ

660 g Sauerteig

680 ml warmes Wasser

Für den Sauerteig Gerstel mit 75 ml Wasser vermengen und mit einem feuchten Tuch abgedeckt 24 Stunden an einem warmen Ort stehen lassen. Anschließend restliches Wasser und Roggenmehl zufügen, kneten und mit einem feuchten Tuch abgedeckt weitere 10 bis 12 Stunden an einem warmen Ort ruhen lassen. Dann ist der Sauerteig fertig. Vergessen Sie nicht, die Menge des Gerstels (ungefähr 150 g) für das nächste Brot wegzunehmen.

Für den Hauptteig Sauerteig und alle Zutaten miteinander vermengen. So lange kneten, bis ein homogener Teig entsteht, und dann mit einem feuchten Tuch abgedeckt 30 bis 35 Minuten gehen lassen. Danach halbieren (je 1150 g), zu Wecken formen und in Simperl (Gärkörbe) bzw. Backformen legen.

Mit einem feuchten Tuch abgedeckt 50 bis 55 Minuten an einem warmen Ort (ca. 28 °C; wenn kühler, erhöht sich die Garzeit) gären lassen, die Teigstücke aus den Simperln auf ein vorbereitetes Backblech stürzen bzw. die Backformen auf ein vorbereitetes Backblech geben und in den auf 250 °C vorgeheizten Ofen schieben. Eine Tasse Wasser auf den Ofenboden schütten und die Brote bei fallender Hitze (180 °C) 65 bis 70 Minuten backen.

Ruhezeit Sauerteig: 34–36 Stunden
Ruhezeit Hauptteig: 80–90 Minuten
Backtemperatur: 250 auf 180 °C fallend
Backzeit: 65–70 Minuten
Allergene: Roggen, Weizen

SELBST GEMACHTER ROGGENSAUERTEIG

100 g Roggenmehl (Type 960) mit 90 ml lauwarmem Wasser (28 bis 30 °C) vermischen und so lange rühren, bis keine Klumpen mehr vorhanden sind. Die Mischung bei 25 bis 30 °C 24 Stunden ruhen lassen. Am nächsten Tag wieder 100 g Roggenmehl und 90 ml Wasser dazugeben, mischen, rühren und nochmals 24 Stunden rasten lassen. Diesen Vorgang so lange fortsetzen, bis der Teig angenehm säuerlich riecht und sich keine Bläschen an der Oberfläche bilden. In der Regel dauert dies 4 bis 5 Tage.

Um nicht jedes Mal einige Tage für die Sauerteigherstellung zu brauchen, entnimmt man dem „Sauer" ungefähr 50 g, vermengt diese mit 150 bis 200 g Roggenmehl und reibt diese Mischung durch die Hände, bis eine trockene, bröselige Masse entsteht. Das **Gerstel** gibt man in ein geschlossenes Gefäß und bewahrt es an einem trockenen und kühlen Ort auf.

1980–1990

KÜRBISKERNBROT

„Dieses Brot ist eines der ersten Spezialbrote. Wir backen es seit rund 45 Jahren nach der gleichen Rezeptur."

Gaby Ströck

ZUTATEN FÜR 2 LAIBE

1-Stufen-Sauerteig
40 g Gerstel
40 ml lauwarmes Wasser
100 g gesiebtes Roggenmehl
70 ml lauwarmes Wasser

Quellstück

80 g Sojaschrot
120 g Kürbiskerne
150 ml lauwarmes Wasser

Hauptteig

580 g gesiebtes Weizenmehl
(Type 1600)
350 g gesiebtes Roggenmehl
(Type 960)
650 ml lauwarmes Wasser
25 g Germ
25 g Salz
170 g Sauerteig
Kürbiskerne zum Wälzen

Für den Sauerteig Gerstel (siehe Seite 91) mit lauwarmem Wasser mischen und mit einem feuchten Tuch abgedeckt für 24 Stunden stehen lassen. Anschließend mit Roggenmehl und lauwarmem Wasser vermengen und feucht abgedeckt weitere 10 bis 12 Stunden stehen lassen. Vergessen Sie nicht, ein Gerstel (ca. 80 g) für den nächsten Teig wegzunehmen. Für das Quellstück alle Zutaten vermischen und 10 bis 12 Stunden stehen lassen.

Für den Hauptteig Germ in lauwarmem Wasser auflösen.

Mit Sauerteig, Quellstück und den restlichen Zutaten mischen und zuerst langsam, dann schnell kneten, bis ein glatter Teig entstanden ist. Danach den Teig feucht abgedeckt 20 bis 30 Minuten ruhen lassen. Halbieren und rundwirken. Den Teig mit Wasser benetzen, in Kürbiskernen wälzen, in Kastenformen oder runde Simperl (Gärkörbe) geben und mit einem feuchten Tuch abgedeckt 50 bis 60 Minuten an einem warmen Ort gehen lassen. Bei der Verwendung von Simperln die Brote auf ein vorbereitetes Backblech stürzen.

In den auf 250 °C vorgeheizten Ofen geben, eine Tasse Wasser auf den Ofenboden schütten und bei fallender Hitze (180 °C) 60 Minuten backen.

Ruhezeit Sauerteig: 34–36 Stunden
Ruhezeit Quellstück: 10–12 Stunden
Ruhezeit Hauptteig: 70–90 Minuten
Backtemperatur: 250 auf 180 °C fallend
Backzeit: ca. 60 Minuten
Allergene: Roggen, Weizen, Soja

1990–2000   OLIVENBROT

„Das Besondere: In unser Olivenbrot kommen ausschließlich kernlose Kalamata-Oliven vom Westpeloponnes."

Gaby Ströck

ZUTATEN FÜR 2 FLADEN

Vorteig

100 g gesiebtes Weizenmehl (Type 700)

60 ml kaltes Wasser

4 g Germ

Hauptteig

600 g gesiebtes Weizenmehl (Type 700)

400 ml kaltes Wasser

15 g Salz

10 g Germ

20 ml Olivenöl

Gehackte Knoblauchzehe

150 g entkernte Oliven

Olivenöl und sehr fein gehackter Knoblauch zum Bestreichen

Für den Vorteig Germ im Wasser auflösen, mit Mehl vermengen, kneten und mit einem feuchten Tuch abgedeckt für 10 bis 12 Stunden in den Kühlschrank stellen.

Für den Hauptteig Germ im Wasser auflösen, mit Vorteig und Mehl mischen und beginnen zu kneten. Nach 1 bis 2 Minuten Salz und Öl dazugeben und weiterkneten. Nach weiteren 2 bis 3 Minuten Knoblauch und Oliven beimengen, vorsichtig fertig kneten und den Teig mit einem feuchten Tuch abgedeckt 40 bis 45 Minuten gehen lassen. Danach den Teig halbieren, zu Fladen (20–25 cm Ø) formen und auf ein Backblech mit Backpapier legen.

Wiederum mit einem feuchten Tuch abgedeckt 50 bis 60 Minuten gären lassen, Brote mit Olivenöl und Knoblauch bestreichen und in den auf 240 °C vorgeheizten Ofen geben. Eine Tasse Wasser auf den Ofenboden schütten und die Brote bei fallender Hitze (180 °C) 35 bis 40 Minuten backen.

Ruhezeit Vorteig: 10–12 Stunden
Ruhezeit Hauptteig: 90–105 Minuten
Backtemperatur: 240 auf 180 °C fallend
Backzeit: 35–40 Minuten
Allergen: Weizen

ROSINENTRAUM

„Die Backidee für dieses Rezept hatte ich 1998 in den Niederlanden. Seither bereichert dieser Traum unserer Stammsortiment."

Gerhard Ströck

ZUTATEN FÜR 25 STÜCK

Vorteig

80 g gesiebtes Weizenmehl (Type 700)

50 ml kühle Milch

4 g Germ

Hauptteig

500 g gesiebtes Weizenmehl (Type 700)

120 ml lauwarme Milch

65 g Butter

2 große Eier

100 g Feinkristallzucker

10 g Vanillezucker

8 g Salz

10 g Backmalz

25 g Germ

300 g Rosinen, in Wasser eingeweicht

Ei zum Bestreichen

Für den Vorteig Germ im Wasser auflösen und alles zu einem homogenen Teig kneten. Mit einem feuchten Tuch abgedeckt für ungefähr 1 Stunde bei Raumtemperatur stehen lassen und danach für 8 bis 10 Stunden in den Kühlschrank stellen.

Für den Hauptteig Germ im Wasser auflösen. Mit dem Vorteig und allen Zutaten außer der Butter und den Rosinen mischen und beginnen zu kneten. Nach und nach Butter dazugeben, bis der Teig gut ausgeknetet ist, um die Rosinen aufzutragen.

Anschließend den Teig in ca. 50 g schwere, rechteckige Stücke teilen und auf ein vorbereitetes Backblech wegsetzen. Die Laibchen mit einem feuchten Tuch abgedeckt 50 bis 60 Minuten gären lassen, mit Ei bestreichen und in den auf 180 °C vorgeheizten Ofen geben. Eine Tasse Wasser auf den Ofenboden schütten und ca. 15 Minuten backen.

Ruhezeit Vorteig: 9–10 Stunden
Ruhezeit Hauptteig: 50–60 Minuten
Backtemperatur: 180 °C
Backzeit: ca. 15 Minuten
Allergene: Weizen, Milch, Eier, Gerste

2010–2020

BIO-JOHANNS-BROT

„Eine Kreation von meinem Sohn Christoph. Er hat ein Brot ohne Hefe, Malz und andere Backmittel ausprobiert. Als es funktioniert hat, haben wir es nach meinem Vater benannt.“

Gerhard Ströck

ZUTATEN FÜR 2 WECKEN

Vorteig

190 g Bio-Weizenmehl (Type 700)

190 ml Wasser

4 g Germ

Hauptteig

80 g Bio-Roggenmehl (Type 960)

560 g Bio-Weizenmehl (Type 700)

350 ml kaltes Wasser

20 g Salz

5 g Germ

Öl zum Ausstreichen der Wanne

oder Schale

Für den Vorteig Mehl mit Wasser und Germ in der Küchenmaschine klumpfenfrei vermischen. Danach zugedeckt 1 Stunde bei Raumtemperatur und danach für 10 bis 12 Stunden im Kühlschrank reifen lassen.

Für den Hauptteig Roggen- und Weizenmehl mit Vorteig und Wasser ungefähr 2 Minuten langsam mischen und für ca. 30 Minuten ruhen lassen. Danach Salz und Germ dazugeben, weitere 5 bis 7 Minuten mischen und für etwa 3 bis 5 Minuten schnell kneten. Den dann geschmeidigen Teig in einer geölte Wanne 90 Minuten gehen lassen. Nach 30 und 60 Minuten jeweils vorsichtig falten.

Auf eine bemehlte Arbeitsfläche kippen und vorsichtig zu 2 gleich großen Wecken formen. Mit dem Schluss nach unten auf ein bemehltes Brett setzen und für 45 bis 60 Minuten abgedeckt nochmals gehen lassen. Danach in den auf 250 °C (Ober- und Unterhitze) vorgeheizten Backofen geben. Falls ein Backstein oder Backstahl vorhanden ist, mit dem Schluss nach oben darauf absetzen. Andernfalls auf ein mit Backpapier ausgelegtes Backblech legen und in den Ofen schieben.

Eine Tasse Wasser auf den Ofenboden schütten und ca. 5 Minuten anbacken. Dann den Dampf durch Öffnen der Backofentür ablassen. Tür wieder schließen, die Temperatur auf 200 °C reduzieren und für weitere 30 bis 35 Minuten fertigbacken.

Ruhezeit Vorteig: 10–12 Stunden
Ruhezeit Hauptteig: 135–150 Minuten
Backtemperatur: 250 auf 200 °C fallend
Backzeit: 35–40 Minuten
Allergene: Roggen, Weizen

Aus echtem Schrot und Korn

Getreide strotzt vor Mineralstoffen, Ballaststoffen, Vitaminen und hochwertigen Fetten. Ohne eine der wichtigsten Kulturpflanzen in der Geschichte der Menschheit geht gar nichts.

D er Boden ist die Basis von allem, ließe sich sagen. Und der steckt nicht zuletzt in jedem Schrot und Korn – und das im wortwörtlichen Sinne. Schließlich stammt der Begriff Getreide aus dem mittelhochdeutschen „Getregede" und meint „das von der Erde Getragene", also den Bodenertrag. Wildgetreide wurde bereits vor 32.000 Jahren vom Cro-Magnon-Menschen als Nahrungsmittel genutzt.

Die Kulturpflanzen, wie wir sie heute kennen, sind im engeren Sinne Zuchtformen von Sußgräsern (Poaceae), bereits vor mehr als 10.000 Jahren wurde deren Anbau und Zucht im Nahen Osten betrieben. Einkorn, Emmer und Gerste zählen zu den ersten agrargeschichtlich nachgewiesenen Sorten. Vor rund 7.000 Jahren fanden diese Urgetreidesorten ihren Weg nach Mittel- und Westeuropa.

Heute nimmt Getreide in der Welternährung unverändert eine Schlüsselposition ein – und wird trotz Jahr für Jahr steigender Produktionsraten ein immer selteneres Gut. Angesichts der stetigen Zunahme der Weltbevölkerung vermag die Erzeugung längst nicht mehr mit dem Verbrauchszuwachs mitzuhalten. Die globalen Vorräte sind in den vergangenen Jahren deutlich geschrumpft und betragen aktuell nur noch 20 Prozent des Jahresbedarfs.

5,4 Millionen Tonnen Getreide wurden 2019 in Österreich produziert, der Großteil des wertvollen Rohstoffs, rund 3,3 Millionen Tonnen, wird jedoch als Tierfutter eingesetzt. Wiederum 1,8 Millionen Tonnen – überwiegend Mais – gehen in die industrielle Verarbeitung, etwa zur Erzeugung von Bioenergie oder Produkten wie Zitronensäure oder Stärke. Nur rund 720.000 Tonnen werden schließlich als Brotgetreide verwendet, ein Bedarf, den Österreich selbst in Jahren mit knappen Ernten aus eigenen Ressourcen decken kann.

Grundsätzlich wird zwischen Sommer- und Wintergetreide unterschieden, wobei Letzteres aufgrund der längeren Vegetationszeit und der höheren Feuchte bessere Erträge erbringt. Unangefochtener Star auf den Anbauflächen ist Weizen, gefolgt von Mais, Gerste und Roggen. In deutlich kleineren Mengen, aber zumeist in Bioqualität, säen die heimischen Landwirte Urgetreide wie Emmer, Einkorn und Dinkel aus.

Die erfreuen sich seit einigen Jahren immer größerer Beliebtheit, sei es in den heimischen Backstuben und nicht zuletzt bei den Kundinnen und Kunden. Vor allem geschmacklich wissen diese Sorten zu überzeugen – vorausgesetzt man weiß, wie die unterschiedlichen Urgetreide gemahlen und verarbeitet werden. In Österreich hat sich also eine erstaunliche Vielfalt entwickelt und erhalten.

Eine kleine Zusammenschau der wichtigsten Brot-Getreidesorten des Landes:

Weizen *mild*
Geeignet für Backwaren aller Art wie Brot und Gebäck, Mehlspeisen Kuchen oder Nudeln. Reich an Ballaststoffen und an Vitamin E, eiweißreich.

Roggen *würzig, kräftig*
Ideal für Brot mit Sauerteig, Lebkuchen oder Vinschgerl. Reich an Ballaststoffen und Vitamin E. Die darin enthaltenen Pentosane halten das Brot länger frisch.

Dinkel *leicht nussig*
Für alle Backwaren geeignet, von Mehlspeisen über Nudeln bis hin zu Brot und Gebäck. Enthält mehr essenzielle Aminosäuren und mehr Eisen als Weizen.

Einkorn *mild, süßlich*
Ebenfalls ein Universalist für alle Backwaren: Brot, Mehlspeisen oder Kuchen zum Beispiel. Gelbe Färbung dank des hohen Carotin-gehalts, reich an Mineralstoffen.

Emmer *mild, süßlich*
Kommt in allen Backwaren zum Einsatz, Brot, Gebäck oder Nudeln. Reich an Mineralstoffen, hoher Carotingehalt.

Kamut (Khorasan-Weizen) *nussig*
Garantiert besonders flaumiges Brot, etwa in Toast und Gebäck. Vitamin E, viel Selen, eiweißreich, Carotinoide.

Hafer *mild, nussig*
Als Beimischung in Brot und Gebäck gefragt. Reich an Eisen, Vitami-ne B1 und B6, hochwertige Fette, Beta-Glucan hilft den Anstieg des Blutzuckerspiegels zu vermindern.

↑ Philipp und Claus Ströck

Die Zukunft hat schon begonnen

Sich selbst jeden Tag neu zu erfinden, Veränderungen positiv zu nutzen und die alte Back-Traditionen dennoch zu bewahren, das ist bei Ströck vor allem die Aufgabe der „Next Generation". Wir haben zwei von ihnen, Philipp und Claus, zu den kommenden Herausforderungen für das Familienunternehmen befragt. Ein Bericht aus der Backstube von morgen – und warum kleinere Brötchen manchmal ganz schön groß werden können.

Von Reinhard Göweil

Der viel zitierte Generationen-Vertrag: In der Wiener Donaustadt wird er nicht nur eingehalten, sondern auch täglich gelebt. Drei Söhne der beiden Ströck-Familien arbeiten mittlerweile führend im Unternehmen mit. Christoph und Philipp, die Söhne von Gabriele und Gerhard, sowie Claus, der Filius von Irene und Robert. Philipp, der ausgebildete Bäckermeister, ist schon jetzt maßgeblich für den Bereich Herstellung verantwortlich und ist wohl der, der unmittelbar in die Fußstapfen seines Vaters Gerhard treten wird.

Mit seinem jüngeren Bruder Christoph, beide sind Absolventen der Höheren Lehranstalt für Tourismus in Wien, hat er die Innovationen der vergangenen Jahre vorangetrieben, mehr Bio, mehr Nachhaltigkeit, mehr Regionalität, neue, zeitgemäße Produkte sowie die gemeinsam mit Gaby und Irene vorangetriebene Evolution der Filialen. Dazu die Feierabend-Schiene, mit der dieses Leitmotiv samt einer Mischung aus Handwerk, Traditionsbewusstsein und neuen kulinarischen Ideen aus der ganzen Welt verfeinert wurde. Qualitativ hochwertige Backwaren und Mehlspeisen als Basis für das Weitererzählen der Ströck-Story – die, was etwa Coffee-to-Go, neue Snack-Kreationen und nachhaltige Backwaren wie etwa das „Wiederbrot" betrifft, auch beim Kunden ankommen. Das Kaufmännische hingegen hat mittlerweile Claus Ströck im Blick, und das ziemlich nah, ist er doch Assistent der Geschäftsleitung.

Das gemeinsame Motto der „Next Generation" heißt also Innovation. Aber nicht um jeden Preis, sondern mit Verantwortungsbewusstsein gegenüber der Familie, den Mitarbeiterinnen und Mitarbeitern, den Kundinnen und Kunden. Dabei gilt es aber auch den ein oder anderen Zielkonflikt

zu meistern, schließlich müssen Qualität, Nachhaltigkeit und Fertigung bei einem großen Betrieb, der Ströck-Brot nun einmal ist, in Einklang gebracht werden. Ob das gelingt, wird Tag für Tag in den Filialen überprüft, von den zehntausenden Kundinnen und Kunden, die die Standorte frequentieren. Und da sind jene, die von früh bis spät zu Ströck-Backwaren in den Supermärkten greifen, noch gar nicht eingerechnet.

Alle Tätigkeiten und Verfahren in der Backstube müssen folglich in größeren Dimensionen weitergedacht werden, auch von den technischen Abläufen her, so Philipp Ströck: „Technologisch wird in den nächsten Jahren der Gesichtspunkt der Ressourcenschonung vermehrt bei uns im Fokus stehen. Da geht es um Themen wie die Vermeidung von Rohstoffverschwendungen, die Einsparung von Energie durch Umrüstung alter technischer Geräte auf den neuesten Stand und den Einsatz von abbaubaren Verpackungsmaterialien." Ganz ohne Hightech geht's also auch bei einem Naturprodukt nicht. Und ohne Menschen, die Mitarbeiterinnen und Mitarbeiter in der Produktion, der Logistik, in der Verwaltung und in den Filialen, schon gar nicht. Fachkräftemangel ist bei den Bäckern im ganzen Land ein großes Thema. Auch bei Ströck. Also wurde schon früh begonnen, künftige Fachkräfte für das Unternehmen zu gewinnen.

Für Philipp steht hier vor allem die Lehrlingsausbildung im Mittelpunkt. Längst sind die Zeiten vorbei, in denen sich die Jungen bloß von einem

> **„WIR INVESTIEREN VIEL ZEIT UND MÜHE IN LEHRLINGS-ANWERBUNG UND IN DIE WEITERBILDUNG, UM IN ZUKUNFT GUT AUSGEBILDETE MITARBEITER ZU HABEN."**
>
> Philipp Ströck

sicheren Lohn anlocken ließen. Also werden sie schon früh zum Mitdenken, Verbessern, Gestalten animiert. Etwa bei der „Lehrlings-Woche", die es seit 2015 gibt. Dabei übernehmen die Auszubildenden für eine Woche die Verantwortung an einem Standort, gestartet wurde nicht in der Peripherie, sondern im Zentrum, in einer Filiale am Wiener Stephansplatz. Hier lernen junge Menschen eigenverantwortliches Arbeiten und nicht nur auf sich, sondern auf das gesamte Umfeld zu achten. Genauso, wie einige Jahre zuvor Philipp Ströck von seinem Vater Verantwortung übertragen bekommen hat und sich das gewährte Vertrauen zu Selbstvertrauen auswachsen konnte.

„Wir investieren viel Zeit und Mühe in Lehrlingsanwerbung und in die Weiterbildung, um hier auch in Zukunft gut ausgebildete Mitarbeiter zu habe. Das ist eine Investition, die sich immer lohnt", erzählt Philipp. „Dabei ist es vor allem wichtig, potenziellen Lehrlingen zu kommunizieren, dass sich der Bäckerberuf stark verändert hat. Natürlich muss noch immer in der Nacht gebacken werden. Aber aufgrund der langen Teigführungen beziehungsweise Teigreifezeiten und der Weiterentwicklung von Kühlmöglichkeiten passieren viele der Arbeitsschritte in der Gebäck- und Brot-Herstellung mittlerweile untertags. Ein Bäcker muss also nicht mehr zwangsläufig von 22 Uhr bis fünf Uhr früh arbeiten. Das macht den Beruf für viele Jugendliche attraktiver." Dass dieser Zugang fruchtet, zeigen nicht zuletzt die vielen Auszeichnungen, die Bäckerlehrlinge von Ströck bei den einschlägigen Berufswettbewerben einheimsen.

Gleichzeitig wird die Steigerung des Bio-Anteils an den Backwaren weiter betrieben und an neuen Produkten getüftelt. Das beginnt mit neuen Snack- und Mehlspeisenkreationen aus Pierre Rebouls „Entwicklungsbäckerei" in der Donaustadt und geht bis hin zu komplett neuen Produktlinien, die alte Traditionen, aber auch internationale Einflüsse aus der Gastronomie aufgreifen. Gleichermaßen Experimentierfeld und „Flaggschiff" sind die mittlerweile zwei Feierabend-Standorte von Ströck in der Landstraßer Hauptstraße und der Rotenturmstraße. Hier wird Brot in ein gastronomisches Gesamtkonzept integriert, das Großteils von Zutaten und Produkten aus eigener Landwirtschaft getragen wird. Weniger Take away, mehr nachhaltiger Genuss (mehr zur Innovations-Philosophie, die hinter der Idee steckt, gibt es auf Seite 36 nachzulesen).

Claus, die Ströck-Nachwuchskraft in der Geschäftsleitung, formuliert das so: „Meine Cousins Christoph und Philipp haben viel Herzblut in das Feierabend-Konzept investiert, und das sieht man auch. Das war für das Unternehmen ein wichtiger Meilenstein und das Image der Feierabend-Lokale färbt positiv auf die Marke Ströck ab." Folglich soll das erfolgreiche „Farm to Table"-Konzept, das nachhaltig erzeugte Brotsorten mit biologischen, regionalen Zutaten vereint, weiter gedeihen. Dafür wurde etwa in Wien-Aspern ein 2.500 Quadratmeter großer Garten urbar gemacht. In ihm wachsen jene Zutaten, die im Ströck Feierabend jeweils saisonal angeboten werden. Spezielle Paradeisersorten („Nur jene, die gut schmecken", O-Ton Christoph Ströck), Chili, Radieschen, Kraut, Kohl, Melanzani sorgen für einen schmackhaften, gesunden Frische-Kick. Beim Einsatz der biologischen Gemüse- und Obstsorten wird ganz bewusst auf Verzicht gesetzt: Der Feierabend soll das kleine, feine Refugium des guten Geschmacks bleiben und die Kräfte der Natur nicht überdehnt werden. „Im Moment können wir unsere zwei Feierabend-Standorte zu einem gewissen Teil mit dem Obst und Gemüse aus unserem eigenen Garten versorgen,

↑ Kaffeeröster Oliver Götz, Christoph und Philipp Ströck, Pierre Reboul und Ströck-Gastroleiter Christopher Schramek haben mit dem Feierabend Genuss nachhaltig weitergedacht

←↑ Im Feierabend wird nicht nur die Kunst des Brotbackens hochgehalten. Gemüse aus eigenem Anbau sorgt für den saisonalen Frische-Kick

eine Ausweitung des Konzepts ist aufgrund der Größe unserer derzeitig verfügbaren Anbaufläche im Moment nicht geplant", bringt Philipp Ströck die neue Bescheidenheit auf den Punkt.

Gleichzeitig jedoch bauen die jungen Ströcks die Kooperation mit den Bauern in der ostösterreichischen Region aus. „Wir planen, nicht selbst als Agrarproduzent einzusteigen, sondern setzen vermehrt auf gute Partnerschaften mit Landwirten und Getreideverarbeitern. Damit haben wir in den letzten Jahren und Jahrzehnten gute Erfahrungen gemacht. Vor allem wenn es um alte Getreidesorten geht", sagt Philipp. Gemeint ist unter anderem der Bio-Schlägler Roggen, die älteste in Österreich eingetragene Getreidesorte, die ganz offiziell zu den „Seltenen Landwirtschaftlichen Kulturpflanzen" zählt.

Exklusiv, im Sinne von elitär, ist der Ströck Feierabend aber ganz und gar nicht. Schließlich ist es erklärtes Ziel, so viele Innovationen und Ideen in das allgemeine Angebot in den 70 Filialen weiterzugeben. Womit quasi automatisch das Sortiment insgesamt hochwertiger wird. So gibt es das anfangs nur hier angebotene und nach dem jüngsten Sohn von Gerhard benannte Christoph-Brot mittlerweile in allen Filialen. Immerhin das – laut Eigen-Definition – beste Weizen-Sauerteigbrot Österreichs.

Apropos Genuss: Wer in Wien, Niederösterreich oder dem Burgenland von ebendiesem spricht, ist naturgemäß rasch beim Wein. Seit 2013 betreibt Ströck Kooperationen mit Winzern, die exklusive Feierabend-Weine kreieren. Seitdem begleiten renommierte Namen wie Christ aus Wien mit seinem Gemischten Satz oder Alexander Egermann aus Illmitz im Seewinkel mit seinem Rotwein-Cuvée die Spezialitäten.

Eine weitere Schiene, die von den Jungen forciert wird, ist der Bereich Convenience. Was sich einigermaßen unromantisch mit „Unterwegs-Versorgung" übersetzen lässt, wird vor allem im städtischen Bereich immer wichtiger. Neben dem Kerngeschäft gilt es auch Getränke und Non-Food-Artikel im Blick zu behalten. Und gastlich, gemütlich, soll es schließlich auch sein. Dass im Hintergrund dennoch alles auf smarte, intelligente Lösungen und Abläufe ausgerichtet wird, ist dennoch kein Nachteil: „Der Fokus liegt im Filialbereich vor allem auf dem Einkaufserlebnis des Kunden. Gleichzeitig wollen wir aber auch neue Vertriebskanäle öffnen, vor allem via E-Commerce", sagt Claus Ströck. Heißt etwa: Frisches Brot, online bestellt und „Just in Time" geliefert. Oder: Der Kunde ordert in Zukunft online direkt in der Filiale und holt sich seinen frischen Wecken zum angegebenen Zeitpunkt ab – alles enorme Herausforderungen für Produktion, IT-Systeme und Vertrieb. Die Zukunft macht auch um das gute, alte Bäckerhandwerk keinen Bogen. Gleichzeitig werden die internen Warenläufe optimiert. Philipp Ströck: „Digitalisierung ist ein großes Thema in der Logistik, da geht es etwa um Algorithmus-gesteuerte Bestellverfahren für die Filialen, das Abrufen aktueller Verfügbarkeiten von Backwaren, womit sich eine Menge Rohstoffressourcen einsparen ließen."

Via online Brot und Gebäck nach Wahl auszuliefern, das allein ist schon eine gewaltige Herausforderung samt erheblicher Investitionen in Software und interne Abläufe. Für die Kunden jedoch soll diese Transformation quasi unsichtbar ablaufen, ankommen soll dann einmal bloß:

DIGITALISIERUNG IST EIN GROSSES THEMA IN DER LOGISTIK, DA GEHT ES ETWA UM ALGORITHMUS-GESTEUERTE BESTELLVERFAHREN FÜR DIE FILIALEN, DAS ABRUFEN AKTUELLER VERFÜGBARKEITEN VON BACKWAREN, WOMIT SICH EINE MENGE ROHSTOFF-RESSOURCEN EINSPAREN LIESSEN.

noch frischere Backwaren, noch mehr und individuellere Service-Leistungen, sichtbar etwa über eine Ströck-App fürs Smartphone samt Bonussystem.

Denkbar wäre auch, das gewonnene technologische Know-how in den Bereichen Produktion und Online-Plattformen auf der Langstrecke, im internationalen Vertrieb, einzusetzen. „Wir liefern seit 15 Jahren Brote und Bio-Gebäck nach Norwegen oder Russland", erzählt Claus Ströck. „Zwar planen wir momentan nicht, das Geschäft weiter zu forcieren, aber wir stehen neuen Expansionsmöglichkeiten immer aufgeschlossen gegenüber." Heimmarkt bleibt also vorerst Österreich, vor Ort mit den Filialen in Wien und Umgebung (sowie im heimatlichen Kittsee), über das Backwaren-Sortiment im Einzelhandel bis hin zu den Angeboten in heimischen Tankstellen-Shops.

Trotz der Vielzahl an neuen Entwicklungslinien, die im Haus verfolgt werden, soll Ströck in Zukunft vor allem organisch wachsen. „Das Thema Innovation begleitet uns seit jeher, sei es nun bei Bio, Fairtrade oder neuen Gastro-Konzepten. Aber es geht nicht immer um den einen großen Wurf. Man muss auch erkennen, das viele kleine Veränderungen im Endeffekt ebenfalls eine große Auswirkung haben können. Letztendlich geht es immer um die Produktqualität, um das Einkaufserlebnis und um die Zufriedenheit unserer Kunden."

Zufrieden kann nicht zuletzt die Aufbau-Generation bei Ströck, Gerhard, Gaby, Robert und Irene, mit der Arbeit der „Next Generation" sein. Die sitzt zwar offiziell noch nicht in der Geschäftsleitung, die vier „Altvorderen" hören aber genau hin – und lassen vieles zu. Was passiert bei unterschiedlichen Meinungen? Philipp: „Es wird diskutiert und manchmal auch gestritten. Am Ende findet man in 95 Prozent der Fälle eine gute gemeinsame Lösung, und wenn nicht, entscheidet am Ende die Geschäftsführung. Ich denke, das ist normal, wenn man als Familie zusammenarbeitet." Claus: „Der Verwandtschaftsgrad sollte bei der Berück-sichtigung von Standpunkten keine Rolle spielen. Wichtig ist gar nicht so sehr die Trennung zwischen beruflichen und privaten Themen, sondern eine sachliche Kommunikation."

Schaut also so aus, als ob das 50-jährige Abenteuer der Ströck-Enterprise unvermindert weitergehen wird – und sich aufmacht, neue Brot-Welten zu entdecken. Es begann 1970, vor 50 Jahren, im burgenländischen Kittsee und in einer Keller-Backstube in der Wiener Langobardenstraße. In wiederum 50 Jahren wird die Wellness- und Genuss-Schiene Ströck Feierabend vielleicht nicht mehr ein Labor des guten Geschmacks, sondern der flächendeckende Standard sein. Genauso wie Bio, Fairtrade und regionale Zutaten. Vielleicht wird sich bloß beim Gedanken an frisches Brot ein duftender Laib vor uns materialisieren. Wie damals, in der Zukunft. Vielleicht wird sich aber auch die Erkenntnis durchgesetzt haben, dass richtig gutes Brot bloß aus Mehl, Wasser und Sauerteig bestehen muss – und unvergleichlich schmecken kann, weil alte Getreide-Sorten, reines Wasser und das perfekte Umfeld für den Sauerteig einfach die Basis für echten Genuss sind. Ein Wissen, das jetzt schon bei Ströck-Brot wohlfeil ist – aber auch die Erfahrung, dass ein paar hunderttausend potenzielle Kunden eben ganz unterschiedliche Geschmäcker und Bedürfnisse haben, die eben auch bedient werden wollen. Auch das wird im Jahr 2070 nicht anders sein.

Wie die zurückliegenden 50 Jahre gezeigt haben, bedarf es immer eines Quäntchen Glücks, vieler mutige Entscheidungen, den richtigen Mitarbeiterinnen und Mitarbeitern und dem entsprechenden Team-Spirit, um aus einem Betrieb ein erfolgreiches Unternehmen zu machen. Bei einem Familienunternehmen kommen noch diese ganz speziellen Bindungen dazu, die sich über die Jahre und Generationen hinweg als besonders tragfähig erweisen. Wenn sich diese halten, so wie sie bei Ströck bisher gehalten haben, und sich individuelle Talente zu einer Gesamtheit formen, dann kann daraus nur eine Erfolgsstory werden.

108

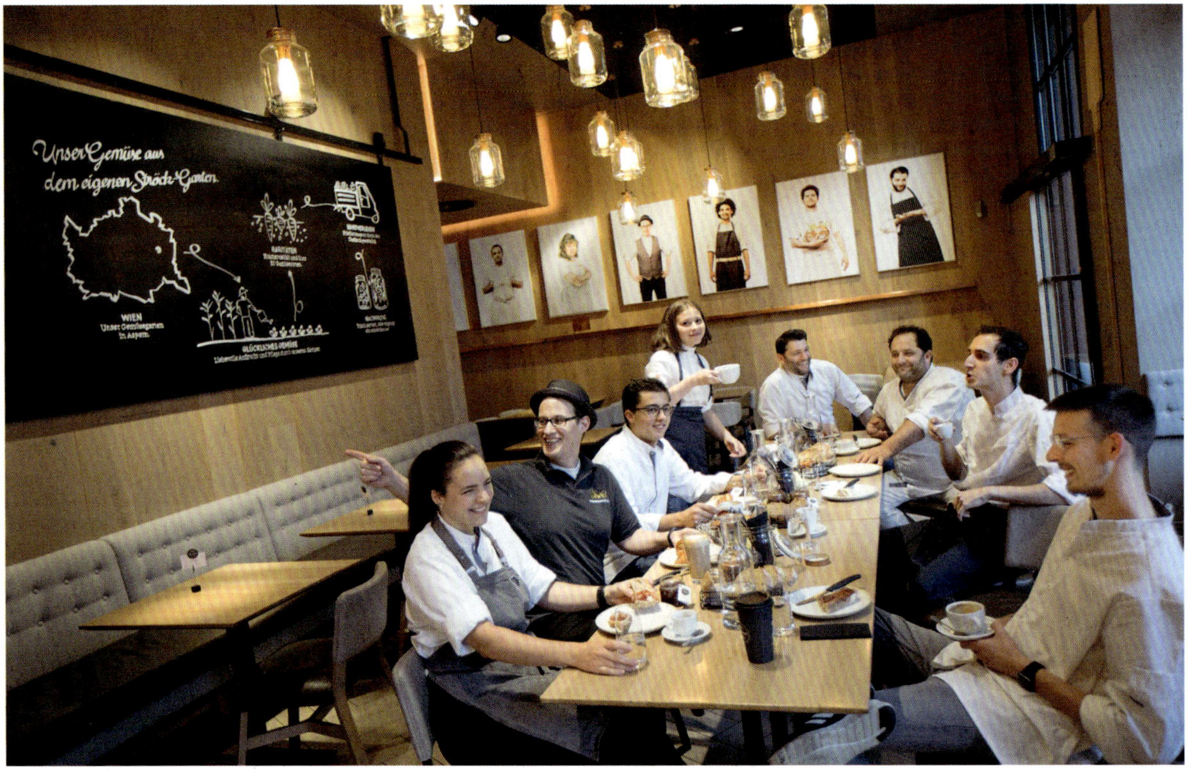
Unser Gemüse aus
dem eigenen Ströck-Garten.
WIEN
Unser Gemüsegarten
in Aspern.
GLÜCKLICHES GEMÜSE

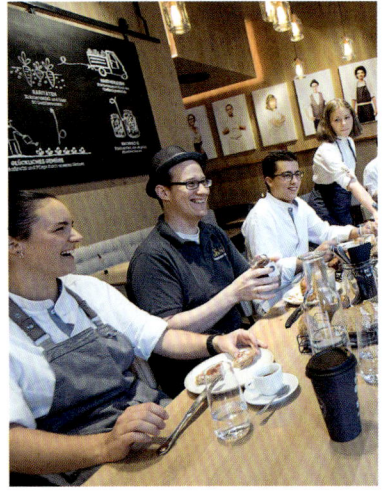

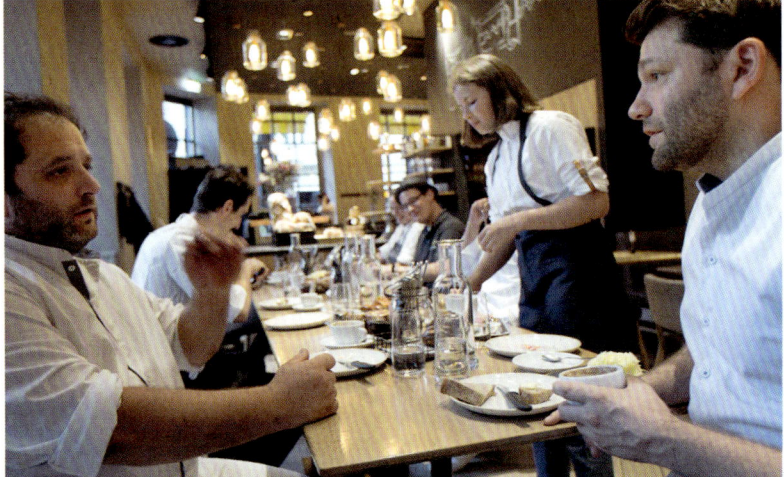

← Nachhaltigkeit heißt auch, einen familiären Umgang unter den Mitarbeiterinnen und Mitarbeitern zu pflegen. Hier etwa beim gemeinsamen Frühstück vor Schichtbeginn

↑ 1835 zelebrierte der Wiener Künstler Ferdinand Küss in seinem Gemälde *Ländliche Mahlzeit* den Brot-Genuss. 185 Jahre später hat sich an der Botschaft im Ströck Feierabend nichts geändert: Wir backen wie damals

In zehn Krusten
um die Welt

Bevor es losgeht, eine nicht unwichtige Frage: Was ist eigentlich Brot? So einfach die Antwort beim Blick in eine hiesige Bäckerei scheint, so schwierig wird sie, wenn man sich kurz vergegenwärtigt, was in anderen Weltregionen darunter verstanden wird. Schließlich ist die Zahl der Ingredienzien, Formen und Backtechniken je nach Land und Backtradition schier unendlich.

Wohl auch deswegen hält der Brot-Historiker William Rubel nicht wirklich etwas von strikten Definitionen. Für den Autor des Buches *Bread: A global history* ist Brot schlicht das, worauf sich eine jeweilige Kultur verständigt. Stattdessen legt Rubel den Fokus auf das, was Brot eigentlich macht: nämlich Grundnahrungsmittel wie Weizen oder Roggen in ein dauerhaftes Lebensmittel zu verwandeln. Gewissermaßen sortenrein kann also unser kulinarischer Ausflug rund um die Welt nicht sein. Ein kleiner Ausschnitt zeigt dennoch die globale Vielfalt an Backtraditionen.

Bolani, Afghanistan

Der mit Hefe gesäuerte Teig wird zu einem dünnen Blatt ausgerollt. Großzügig gefüllt mit Kartoffeln, Spinat, Linsen wird die afghanische Spezialität sodann in schimmernd heißem Öl frittiert. Dazu gibt es frische Kräuter und Frühlingszwiebel.

Soda Bread, Irland

Ein Produkt der Hungersnöte, die die Insel einst heimsuchten. Statt Hefe hilft dem Teig Backsoda auf. Hauptzutaten sind Weizenmehl und Buttermilch. Was früher ein einfacher Sattmacher war, gilt heute als nostalgischer Genuss. Unverzichtbar: gesalzene Butter.

Vörtlimpa, Schweden

Bevor Hefe kommerziell in größeren Mengen verfügbar war, halfen Bierbrauer den Bäckern aus. Sie ernteten die abgesunkene Hefe aus ihren Kesseln und gaben sie an die Bäcker weiter, weshalb das Brot einen leichten Biergeschmack hatte.

Paratha, Indien

Ein Vollkorn-Leckerbissen mit jahrhundertealter Tradition. Das Fladenbrot gibt es in unzähligen Variationen und Formen. Wird einfach pur oder mit herzhaften Füllungen genossen. Die werden in den kunstvoll gefalteten oder gerollten Fladen eingearbeitet.

Dökkt rúgbrauð, Island

Die siedende Erdwärme, die Islands Geysire antreibt, ist die Backstube für dieses dunkle Roggenbrot. Der Teig wird in einem Metalltopf eingeschlossen und in der Nähe von thermischen „Hotspots" vergraben. Backzeit nach der traditionellen Methode: 24 Stunden.

Appam, Sri Lanka

Ein dünner, fermentierter Teig aus Reismehl und Kokosmilch wird in schalenförmigen Pfannen zu dieser knusprigen Leckerei ausgebacken. Wird auch „Hopper" genannt, beliebte Beläge sind Kokos-Sambal oder Hühner-Curry.

Tijgerbrood, Niederlande

Auf den Grundteig wird, bevor er komplett aufgegangen ist, eine weitere Teigschicht, bestehend aus Reismehl, heißem Wasser, Zucker und Sesammehl, aufgebracht. Sieht zwar eher nach Leopard und nicht nach Tiger aus, was Krustenliebhaber aber nicht zu kümmern scheint.

Roti Gambang, Indonesien

Palmzucker und Zimt verleihen dem zarten Weizenbrot eine leichte, aromatische Süße. Der Name erinnert an das Gambang, ein traditionelles indonesisches Instrument, das den schlanken, braunen Broten ähnelt.

Hobż tal-Malti, Malta

Ein Sauerteigbrot, dessen gelbbraune Kruste ein kissenweiches Innenleben freigibt. Wird gerne mit frischen Tomaten eingerieben oder mit Olivenöl beträufelt. Die Zubereitung nach klassischer Art dauert über einen Tag, gebacken wird im Holzofen.

Kare Pan, Japan

Ein Hefeweizenteig ist hier die praktische Verpackung für japanisches Curry. Vor dem Eintauchen in die Fritteuse wird das Currybrot in Panko, einer asiatischen Variante des Paniermehls, gerollt. Kare Pan ist äußerst populär, nicht ohne Grund trägt ein japanischer Superheld seinen Namen: der Karepanman.

Erfolge bei Wasser und Brot

Vertrauen und Verlässlichkeit sind die Basis jeder Partnerschaft. Ströck und Sportsponsoring – das ist eine Geschichte, die man hätte erfinden müssen, wenn sie nicht wahr wäre.

Von Erich Götzinger

Natürlich braucht es für die Entdeckung und Förderung von chancenreichen Talenten ein feines Näschen. Die Ströck-Brüder Gerhard und Robert hatten schon früh erkannt, dass es sich mit dem Sport ähnlich verhält wie bei der eigenen harten Arbeit: „Wenn du Lust auf etwas hast, kannst du es auch mehr als zehn Stunden täglich tun und Erfolg damit haben. Denn hinter jedem Erfolg steckt mehr Rackerei als Geheimnis." Also hat man sich, was die Einstellung betraf, ähnliche Typen gesucht und gefunden, am und im Wasser. Schließlich liegt die Groß-Bäckerei nahe der Alten Donau und Wasser und Brot passen nun einmal gut zusammen.

Das Ströck-Team nimmt Kurs auf

Alles begann in den 1990ern mit dem Besuch von vier bescheidenen, damals relativ unbekannten, dauerhungrigen Weltklasseruderern im Ströck-Expedit in der Industriestraße in Wien-Donaustadt. Walter Rantasa, Christoph Schmölzer

↑ Gleich mehrfache Ruder-Weltmeister: Walter Rantasa, Christoph Schmölzer, Gernot Faderbauer und Wolfgang Sigl

und in weiterer Folge auch Gernot Faderbauer und Wolfgang Sigl sollten schlussendlich insgesamt vier Ruder-Weltmeistertitel auf sich vereinen.

„Überhaupt", meint Walter Rantasa heute, „haben die Ströcks mit der Förderung von Wassersportlern ein gutes Händchen gehabt. Sie waren die idealen Partner, auch im Hinblick auf eine ausgewogene Ernährung. Ein Ruderer im Hochleistungstraining verbrennt 7.000 Kilikalorien pro Tag. Da sind Kohlenhydrate der richtige Treibstoff."

Christoph Schmölzer erinnert sich: „Erst jetzt – 20 Jahre später – ist uns so richtig bewusst was, oder besser gesagt, wie viel wir damals „gefuttert" hatten. Der Hunger hat uns nach und zwischen den Trainings zum Ströck getrieben. Am

Anfang hat man uns mit Naturalien gesponsert. Wir sind beim Hintereingang hinein. Da sind dann der Robert und der Gerhard gestanden – Ah, die Ruderer. Was wollts denn? –, dann haben sie uns säckeweise Brot und Gebäck eingepackt, das bei einer dreiköpfigen Familie für zwei Monate gereicht hätte. Doch wir sind damit gerade mal zwei Tage ausgekommen. So haben uns die Brüder zur Medaille hochgepäppelt."

Olympia lässt grüßen

Medaillen haben bekanntlich immer zwei Seiten – auch olympische Goldmedaillen. In diesem Fall stehen sie für zwei Namen: Hans-Peter Steinacher aus Zell am See und Roman Hagara aus Wien-Donaustadt – dazu eine Mutter, die da

↖↑ Erfolgreiche Segler und Olympioniken: Roman Hagara und Hans-Peter Steinacher
← Ebenfalls vorne dabei: Die Kunstspringerinnen Anja Richter und Marion Reiff

war, wenn sie gebraucht wurde: Mutter Hagara war Kundin bei ihrem Hausbäcker ums Eck, im Ströck-Stammhaus in der Langobardenstraße in Wien-Stadlau, und sprach die im Verkauf stehende Gaby Ströck auf ein mögliches Sponsoring des Seglerduos bei den Olympischen Spiele 2000 in Sydney an. Die verwies ihrerseits elegant auf ihren Gemahl Gerhard. Das anschließende Kennenlernen fand bei den Ströcks und einem ihrer berüchtigten samstäglichen Sechs-Uhr-Morgen-Termine statt, die vereinbarte Jahressumme war harmlos, aber fair. In Sydney wurden Hagara/Steinacher zum ersten Mal Segel-Olympiasieger in der Tornado-Klasse, und bei der folgenden Nachverhandlung in Wien, natürlich wieder um sechs Uhr morgens, ging's schließlich rund. „Meine

Lebenspartnerin Sabine war auch dabei, eine resolute Vorarlbergerin", erzählt Roman Hagara stolz. „Im langen, roten Sommerkleid traf sie auf den insgesamt umgänglichen, aber harten Geschäftsmann Gerhard Ströck in weißer Bäckerhose. Es war knallhart, aber heraus kam ein sehr gutes Vertragsergebnis, bei dem es nicht bloß um die Popularität einer Sportart ging, sondern um die Menschen, die dahinterstehen." Die Tornadosegler Hagara/Steinacher wurden insgesamt zwei Mal Olympiasieger, ein Mal Welt- und vier Mal Europameister.

Es passt!
Werbepsychologen sind der Ansicht, dass Sportler positive physische Eigenschaften wie Stärke, Schnelligkeit, Ge-

schicklichkeit und Finesse transportieren. Hinzu kommen: Entschlossenheit, Tatendrang und Disziplin – im Idealfall verknüpft mit Begriffen wie Glaubwürdigkeit und Natürlichkeit. Zwischen dem Image des Testimonials und dem Markenimage sollte ein „Das passt!" wahrgenommen werden.

Bei Maxim Podoprigora, dem Schwimm-Vizeweltmeister, Europameister und Weltrekordhalter über 200 Meter Brust, passte es. Das war wie eine Liebeserklärung, quasi Liebe auf den ersten Blick, die vor allem den weiblichen Fans angesichts des feschen Maxim Sternchen in die Augen malte. „Auch mich hat er um sechs Uhr Früh antreten lassen", erzählt Maxim, der heute wirtschaftspolitischer Berater ist. „Er hat mir in seinem Büro gleich neben der Backstube – optisch eher ein kleines Abstellkammerl – an einem Tischerl einen Platz angeboten, mit der Hand einen angemehlten Sessel abgeklopft, und nachdem sich die Mehlwolke verzogen hatte, wurde alles unkompliziert besprochen – ein Mann, ein Wort."

Wir leben Sport

Vom Strahlemann Maxim zum Sponsoring des Österreichischen Schwimmverbands mit all seinen aufstrebenden „Schwimmwundern" war es nur ein kurzer Weg.

Da war die damals 15-jährige Fabienne Nadarajah, später Schmetterling-Vizeweltmeisterin auf der Kurzbahn, die der Meinung war, dass nur „Schmähbrüder" beim Schwimmen untergehen. Beweis gefällig? Bei der von Ströck tatkräftig unterstützten Pink-Ribbon-Gala im Wiener Amalienbad schwamm sie mit gefesselten Händen und nur mit Beinschlag-Bewegungen den schwimmenden Top-Kickern von Austria und Rapid auf und davon. Auch nach ihrem Rücktritt blieb sie der Bäckerei Ströck treu, sie leitet heute den Rohstoffeinkauf.

Und da war auch die um ein Jahr jüngere, alles überstrahlende Mirna Jukić: Sie war die erste Österreicherin seit 1912, die eine olympische Medaille erschwamm, Bronze 2008 in Peking. Dreimal gewann sie WM-Bronze, fünfmal EM-Gold und

↑↗ Sogar ein Weltrekordler wie Maxim Podoprigora geht manchmal unter, dann aber nur fürs Foto mit Klasse-Schwimmerin Fabienne Melzer-Nadarajah

dreimal war sie Sportlerin des Jahres. Freundschaft spielt für sie beim Sponsoring eine wichtige Rolle. „Gerade in der Zeit zwischen meinen großen Erfolgen, in der ich schwer erkrankt war, hat man gesehen, wie rar wahre Freunde sind, Menschen, die auch in schwierigen Zeiten zu einem stehen. Dass Ströck nie daran gedacht hatte, in dieser relativ langen Zeit, den Unterstützungsbetrag zu kürzen, war auch für mich eine großartige Erfahrung." Bedauerlich findet Mirna heute nur, dass sie dem Bäckermeister nie persönlich lernen konnte, perfekt zu schwimmen: „Der Herr Gerhard ist ein vielbeschäftigter Mann. Wenn wir um sechs Uhr früh Training hatten, war er schon lange in der Arbeit und sicher müde. Wenn wir spät Training hatten, war er schon wieder auf dem Weg ins Bett."

Der Philosoph

Markus Rogan war Sportler des Jahres 2004, wurde für sein sportlich faires Verhalten bei den Olympischen Spielen in Athen ausgezeichnet und hat 34 Medaillen bei Großereignissen gewonnen. „In einer Welt, in der der Wert eines Sportlers schon lange nicht mehr an sportlichen Erfolgen, sondern an medienwirksamen Interviews, Followers auf Social-Media-Plattformen und choreografierten Sponsor-Logoplatzierungen gemessen wird, fühlt man sich manchmal ganz schön einsam", sagt Rogan, der erfolgreichste Schwimmer in Österreichs Sportgeschichte. Mittlerweile lebt er in Kalifornien und arbeitet erfolgreich als Psychologe und Psychotherapeut.

Während seiner aktiven Zeit polarisierte er, zu Ströck fand er dennoch eine gute Verbindung: „Die Philosophie einer

119

↑↓ Die Aushängeschilder des österreichischen Schwimmsports und insgesamt für mehrere Dutzend Medaillen gut: Mirna Jukić und Markus Rogan

Bäckerei und die meine ist die gleiche. Das Meiste und Wichtigste passiert jeden Tag, bevor die Sonne aufgeht. Und eine weitere Gemeinsamkeit spiegelt sich im sozialen Engagement wider." Auch hier entwickelte sich aus einer wirtschaftlichen Beziehung eine Freundschaft, Gaby und Gerhard Ströck wurden zu Rogans Hochzeit in San Diego eingeladen. Dabei wurde Markus zufolge am Anfang heftig gestritten: „Ich war der Meinung, dass auch Brot ein Teil des Sponsorings sein sollte, zu dem Zeitpunkt habe ich schon in den USA gewohnt, wo es einfach kein gutes gibt. Ich wollte, dass Gerhard mir sein Brot schickt. Er sagte, das gehe einfach von der Qualität her nicht, und ich drauf: Blödsinn, das ist immer noch besser als der Sh.., den es hier gibt. Er hat sich von vorn bis hinten geweigert und ich bin ihm heute noch ein wenig bös deswegen. Hätte er mir damals seine Kraft-Weckerln geliefert, wäre ich sicher ein besserer Sportler gewesen – kein Scherz!"

Heavy-Medal-Band

Ströck begleitete noch weitere Talente vom Beginn ihrer Karriere an auf ihrem Weg zur Weltspitze, unter anderem den Schwimmer Dinko Jukić (Kurzbahneuropameister und Olympia-Vierter), die Weltklasse-Synchronspringerinnen Anja Richter und Marion Reiff, die Synchronschwimmerinnen rund um Nadine Brandl und die Alexandri-Drillinge. Dazu gesellen sich die Kunstspringerin Veronika Kratochwil, die nach Ende ihrer Sportkarriere im Marketing von Ströck tätig war und heute Ö3-Reporterin ist, sowie die Rudereuropameisterin Magdalena Lobnig. Ebenfalls im Ströck-Team waren oder sind Hürdensprinterin Beate Schrott, Top-Läufer Andreas Vojta, die Weltklasse-Rodler Gebrüder Linger sowie der Extremsportler und Radweltrekorder Michael Strasser. Nicht zu vergessen: Tischtennis-Weltmeister Werner Schlager, der 2003 Sportler des Jahres war und zum populärsten ausländischen Sportler Chinas gewählt wurde.

All das ist natürlich Motivation für die „Next Generation": Der 18-jährige Tim Wafler ist inzwischen einer der besten jungen Bahn-Radrennfahrer, die gleichaltrige Marie-Christine Sebesta gilt als die Reitsporthoffnung Österreichs und eilt, inzwischen auch als Grand-Prix-Siegerin, von einer Top-Platzierung zur nächsten.

Die sportliche Ströck-Truppe kann man also ruhig als Heavy-Medal-Band bezeichnen. Und „Medal" ist in diesem Zusammenhang kein Tippfehler. Kaum ein anderes privates Sponsoring-Team in Österreich „hamsterte" so viele Titel und Medaillen, von Olympia bis zu Welt- und Europameisterschaften, und das ziemlich heavymetal-, pardon: heavymedalmäßig.

→ Eine Bäckerei als Sportler-Stammtisch: Neben Schwimm-Star Dinko Jukić sowie den Seglern Hagara und Steinacher stellten sich im Laufe der Jahre die Weltklasse-Rodler Wolfgang und Andreas Linger und der Extrem-Radsportler Michael Strasser ein. Ebenfalls im Ströck-Team: Werner Schlager, einer der besten Tischtennisspieler seiner Zeit

Hermann Hesse

122

Über das Wort Brot

Wir Dichter sind von der Sprache abhängig. Sie ist unser Werkzeug, ein sehr kompliziertes Werkzeug, dessen Beherrschung keinem einzelnen je ganz gelingt. Wenigstens kann ich von mir sagen, dass ich seit meinem Eintritt in die Schule vor 70 Jahren nichts anderes so zäh und fortdauernd betrieben habe wie die Bemühung um die Kenntnis und Beherrschung der Sprache; und dass ich mir darin immer noch wie ein staunender Anfänger vorkomme, der sich bezaubert und halb ängstlich, halb beglückt in die Irrgärten des Alphabets einführen lässt, wo man aus einem kleinen Häufchen Buchstaben Wörter, Sätze, Bücher und grafische Abbilder des ganzen Weltalls zusammensetzen kann.

Grundstock und erste Elemente der Sprache sind nun die Wörter. Im Umgang mit ihnen entdecken wir, dass ein Wort, je älter es ist, desto mehr Lebensstärke und Beschwörungskraft enthält. Unsere Sprachen sind alle alt, aber ihr Wortschatz ist in immerwährendem Wechsel

beglückend. Wörter können erkranken, sterben und für immer verschwinden Und neue Wörter können jeden Tag, in jeder Sprache zum alten Bestand hinzukommen. Doch ist es mit diesem Wachstum so beschaffen wie mit jedem Fortschritt. Wir können bewundernd über die Fähigkeit der Sprache staunen, für neue Dinge, neue Lebensverhältnisse, neue Funktionen und Bedürfnisse Bezeichnungen zu erfinden, und wir merken bei näherer Prüfung doch sehr bald, dass von 100 scheinbar neuen Wörtern, 99 nur mechanische Kombinationen aus dem alten Bestande sind und dass sie alle gar keine wirklichen und echten Wörter sind, sondern eben nur Bezeichnungen, Notbehelfe.

Was unseren Sprachen in den letzten zwei Jahrhunderten an neuen Vokabeln zugewachsen ist, ist an Zahl ungeheuer und staunenswert, aber an Gewicht und Ausdruckskraft, an sprachlicher Substanz, an Schönheit und echtem Gold ist es jämmerlich arm. Es ist zum größten Teil Inflationsgut.

Nehmen wir eine beliebige Seite einer beliebigen Zeitung in die Hand, so stoßen wir auf Dutzende von solchen Vokabeln, die es vor Kurzem noch nicht gab und von denen wir nicht wissen, ob es sie Übermorgen noch geben wird. Solche Wörter, ganz ohne Tendenz einem beliebigem Zeitungsblatt entnommen, lauten etwa so: Tochtergesellschaft, Dividendenausschüttung, Rentabilitätsschwankung, Atombombe, Exitenzialismus.

Es sind komplizierte, lange und anspruchsvolle Vokabeln. Aber sie haben alle denselben Fehler: Es mangelt ihnen eine Dimension. Sie bezeichnen, aber sie beschwören nicht. Sie kommen nicht von unten, aus der Erde und aus dem Volk, sondern von oben, aus den Redaktionsstuben, den Kontoren der Industrie, den Amtszimmern der Behörden. Alte, echte, gewachsene, goldene, gediegene und vollwertige Wörter aber sind: Vater, Mutter, Ahnen, Erde, Baum, Berg, Tal. Jedes von ihnen wird vom Hirtenbuben ebenso verstanden wie vom Professor oder Bundesrat.

Jedes von ihnen spricht nicht nur zu unserem Verstand, sondern auch zu allen Sinnen. Jedes beschwört eine Menge von Erinnerungen und Vorstellungen. Jedes meint etwas Ewiges, Unentbehrliches, Nichtwegzudenkendes.

Zu diesen guten, bedeutungsschweren Wörtern gehört auch das Wort Brot.

Man braucht es nur auszusprechen und das in sich einzulassen, was es enthält, so sind schon alle unsere Lebenskräfte, die des Leibes wie die der Seele, angerufen und in Tätigkeit versetzt. Magen, Gaumen, Nase, Zunge, Zähne, Hände sprechen mit. Es fällt uns der Esstisch im Vaterhause ein. Rundum sitzen die lieben vertrauten Gestalten der Kindheit. Vater oder Mutter

schneidet vom großen Laib die Stücke und bemisst ihre Größe und Dicke, je nach dem Alter oder Hunger des Empfängers. In den Tassen duftet die warme Morgenmilch. Oder es fällt uns ein, wie es ganz früh am Morgen, noch bei halber Nacht, vom Haus des Bäckers her gerochen hat, warm und nahrhaft, anregend und begütigend, hungerweckend und ihn halb auch schon stillend. Und weiter erinnern wir uns durch die ganze Weltgeschichte hindurch alle Szenen und Bilder, in denen das Brot eine Rolle spielt.

Die Worte von Dichtern melden sich und viele Worte der Bibel, und überall hat das Brot neben der nüchternen, alltäglichen Deutung auch noch eine höhere, bis hinauf zu jenem Gleichnis des Heilands bei der Stiftung des Abendmahls. Wir werden der Anklänge und Erinnerungen gar nicht mehr Herr. Sie fluten und quellen uns aus 100 Bildern großer Maler zu und aus allen Bezirken menschlicher Dankbarkeit und Frömmigkeit bis zu dem hohen, mystischen Klang in Sebastian Bachs Passion: Nehmet, esset, das ist mein Leib.

Statt einer so kleinen Betrachtung könnte man über das Wort Brot auch ein ganzes Buch schreiben. Das Volk, der eigentliche Schöpfer und Bewahrer der Sprache, hat für das Brot Ausdrücke der Dankbarkeit und der Zärtlichkeit gefunden, von denen ich nur zwei zu nennen brauche, um wieder eine Reihe von Anklängen wachzurufen.

Das deutsche Volk spricht gern vom „lieben Brot" und die Italiener und Tessiner, wenn sie einen Menschen als wahrhaft gut bezeichnen wollen, nennen ihn „buono, come il pane".

Transkript aus „Hermann Hesse liest" (1980), LP, Suhrkamp Verlag, Frankfurt/Main

↑ Leonardo da Vinci (1452–1519), *Das letzte Abendmahl*, 1494–1498. Ein Hochamt
der Malerei im Dominikanerkloster Santa Maria delle Grazie in Mailand

Ein Essay von Jürgen Ehrmann

Der Mensch lebt nicht von Brot allein

Von goldenen Striezeln, blauen Baguettes und zerschroteten Knaben: Eine Kulturgeschichte des Brotes

Brot ist das Kulturgut par excellence – und das „tägliche Brot" viel mehr als bloß ein Nahrungsmittel. Es ist spirituelles Zentrum von Religionen, wurde in der Literatur besungen, in der Malerei vielfach dargestellt und interpretiert. Sein Vorhandensein war Segen und Labung zugleich, sein Nichtvorhandensein Auslöser von Aufständen bis hin zur Französischen Revolution. Im Kerker konnten dann die Delinquenten „bei Wasser und Brot" über ihre Missetaten nachdenken.

Brot hat die Lebensweise der Menschen, ihre Arbeit, ihr Wohlbefinden bis heute maßgeblich geprägt und beeinflusst. Sei es bei kultischen Handlungen der Griechen und Römer, im Juden- und Christentum sowie in Bräuchen, Sagen, Legenden, in der Kunst oder der Literatur.

Bereits in der Antike wurden Getreide und Brot in unterschiedlichen Riten und symbolischen Funktionen verwendet. Die alten Griechen verehrten Demeter als „Mutter des Kornes und Göttin der Früchte". Bei Opfergaben wurden Gerstenkörner in der Hand gehalten, anschließend auf einem Altar in die Flammen oder vor dem Schlachten des Opfertieres auf dessen Kopf gestreut.

Die Römer sahen vor allem Tellus und Ceres als Fruchtbarkeitsgötter an. Bei römischen Ritualen verwendeten die vestalischen Jungfrauen „Opferschrot", die Mola salsa, das die Priesterinnen aus Dinkel (Spelz), Salz und Wasser herstellten. Rezepte für Opferkuchen sind etwa in Marcus Porcius Catos Lehrschrift *Über die Landwirtschaft* überliefert. Geflochtene Zöpfe (Striezel), Kreise, Räder oder Gebäck in Gestalt von Menschen werden darin angeführt.

Eine zentrale Rolle spielen Brot und Gebäck im Judentum. Das vollständige Tischgebet kann nur rezitiert werden, wenn davor Brot Bestandteil der Mahlzeit war. Es wird demgemäß mit größtem Respekt behandelt, jemandem Brot zuzuwerfen, gilt als pietätlos. Das ungesäuerte Mazza (auch Matze) wird ausschließlich aus Mehl und Wasser, aber ohne Triebmittel hergestellt und soll an die Errettung der Israeliten aus ägyptischer Gefangenschaft erinnern. Gläubigen Juden und Jüdinnen ist es vorgeschrieben, an allen Tagen des Pessachfestes, des Fests der Freiheit, Mazza zu essen. Einen hohen Symbolcharakter hat zudem die Form. So soll das runde, anlässlich des Neujahrsfestes gebackene Brot den Wunsch nach einem runden, reibungslosen Jahresverlauf zum Ausdruck bringen. Das Eintauchen in Honig oder Zucker verstärkt diese Hoffnung.

Im Neuen Testament des Christentums bezieht sich Jesus Christus auf das „Manna-Brot" und bezeichnet sich selbst gar als „Brot des Lebens". Damit macht er sich zum Träger der Eucharistie, der „Danksagung". Brot ist somit nicht nur Nahrungsmittel, sondern auch Symbol, die Wandlung von

Brot und Wein in den Leib und das Blut Christi steht im Mittelpunkt der Messliturgie, die Hostia oblata, eine symbolische Opfergabe aus dünnem, ungesäuertem Teig, rückt so in das Zentrum des religiösen Ritus: „Während des Mahls nahm Jesus das Brot und sprach den Lobpreis; Dann brach er das Brot, reichte es ihnen und sprach: Nehmt, das ist mein Leib!" (Markus 14,22)

Gleichzeitig steht das geweihte Brot für die Teilhabe am Göttlichen, verbunden mit der Hoffnung auf das ewige Leben. Eine Bedeutung, die Eingang in den Alltag, auch den des Bäckerhandwerks, fand. So werden bis heute christliche Heilszeichen, vor allem das Kreuz, aber auch diverse Brotstempel, die sowohl Besitz- als auch Weihezeichen sind, vor dem Backen in den Brotteig eingeritzt oder -gedrückt – wie bei Hostien.

Das Grundnahrungsmittel Brot diente so auch als Propagandamittel. Das war übrigens bereits zu Zeiten der Römer der Fall. Wenn anlässlich von Siegesfeiern, Spielen oder anderen festlichen Anlässen ein Gönner Brot verteilen ließ, wurden zuvor auf der Oberseite sein Name oder seine Initialen in das Gebäck gestempelt. So sind etwa auf einem Brotstempel aus dem 2. bis 3. Jahrhundert n. Chr. die Buchstaben C I P I S ablesbar, die Initialen einer Familie aus der Gegend von Aquileia. Utensilien, die im Zusammenhang mit der Herstellung und dem Verzehr stehen, etwa Brotmesser, waren ebenfalls mit dem Kreuzsymbol oder anderen Heilsmotiven und -sprüchen verziert.

↑ Zeichen von Macht und Einfluss: Ein Brotstempel aus römischer Zeit

Bräuche rund um das Brot sind vorwiegend aus heidnischen Fruchtbarkeitsritualen entstanden, die mit christlichen Elementen angereichert oder umgedeutet wurden. Rein heidnische Sitten haben sich nur selten erhalten: In Schweden etwa wird heute noch ein aus Brotteig gebackener „Julbock" zu Weihnachten unter den Christbaum gelegt und in Österreich, Süddeutschland oder Südtirol das Kletzenbrot gebacken. Sinnbildlich handelt es sich dabei um ein Schenkbrot an Maria, die das Jesuskind zur Welt gebracht hat. Auch hier wird der Laib oder Wecken mithilfe eines Brotstempels mit religiösen Symbolen verziert.

Neben Osterlamm, -brot oder -pinze findet sich im Jahreskreis auch der Allerheiligenstriezel wieder. Früher aus Weißbrot-, Semmel- oder Kipfelteig hergestellt, kommt heute auch ein Briocheteig zum Einsatz, dem Rosinen beimengt werden. Mitunter wird er verziert, in seltenen Fällen wurde er sogar vergoldet. Dass diese Edel-Striezel ebenfalls an Arme und Dienstboten verschenkt wurden – wie es einst die Tradition gebot –, ist eher unwahrscheinlich.

Abseits religiöser Motive kam Brot aber auch eine mythische Bedeutung zu. Gewissermaßen als Vorsichtsmaßnahme aß eine Wöchnerin in den ersten Tagen nach der Geburt eines Kindes nur das Brot, das die Paten der Mutter als Geschenk dargebracht hatten. Man meinte, es schütze besonders gut gegen Unheil oder Krankheiten. Noch in der zweiten Hälfte des 19. Jahrhunderts war es üblich, ein sogenanntes „Schaubrot" in die Auslage eines Bäckers zu legen, um drohende Kinderkrankheiten abzuwehren.

Den Mittelpunkt eines traditionellen Hochzeitsfestes wiederum bildete das gemeinsame Mahl mit dem obligatorischen Hochzeitsbrot. Dieses wurde im Haus der Braut gebacken und musste vom Bräutigam angeschnitten werden. Der Anschnitt wurde zusammen mit dem Hochzeitsbuschen aufbewahrt, damit das Brot im Hause nie ausgehen möge.

↑ Ernst Huber (1895–1960),
*Stillleben mit Teekanne, Milch-
kännchen, Strietzel, Apfel
und Zitronen*. Bestimmend ist
ein sehr spezifischer, aus der
Volkskunst schöpfender Stil.
Die Melange an Tönen zeichnet dieses Gemälde aus

← Emmerich Dichtl
(1895–1969), *Stillleben mit
Krug, Brot und Semmeln*. Bei
dem Autodidakten fallen der
schnelle Pinselstrich und die
bloß ungefähren Linien auf.
Ein Spannungsmoment inmit-
ten der Stille

↑→ Albin Egger-Lienz (1868–1926), Zeichnungen zum Triptychon *Erde*, 1912. Das Thema des Sämanns beschäftigte den Maler viele Jahre. Sein expressiver, kraftvoller Stil prägt seine monumentalen Gemälde wie auch seine Zeichnungen

↑ Frans Franckens d. J., *Der Reiche und der arme Lazarus*, um 1605. Eine reichgedeckte Tafel, auf der ein unscheinbares Brötchen wie ein Fremdkörper wirkt. Es steht sinnbildlich für das einfache Volk, das im Leben der Wohlhabenden keine Rolle mehr zu spielen scheint

← Willy Eisenschitz (1889–1974), *Die Mäher*, 1940er-Jahre. Die Bilder des aus einer jüdischen Familie stammenden Künstlers zeichnen sich durch eine lichtgetränkte, intensive Farbigkeit aus, die sich dynamisch über die Landschaft legt

Im Zentrum der Erntedankfeiern, die in ländlichen Gebieten Ende September oder Anfang Oktober festlich begangen werden, steht hingegen der Dank für die Frucht der Erde und der menschlichen Arbeit. „Im Schweiße deines Angesichts sollst du dein Brot essen", heißt es sinngemäß in der biblischen Szene der Vertreibung aus dem Paradies. In der bildenden Kunst findet sich dieses Motiv in der Darstellung des in flirrender Sommerhitze arbeitenden Schnitters oder Dreschers wieder. Der österreichische Maler Albin Egger-Lienz hat das in seinem Triptychon *Erde* zum Thema gemacht. Die drei Bilder sind Anfang des 20. Jahrhunderts entstanden und zeigen Sämann, Drescher sowie ein abgeerntetes Getreidefeld. Auch der aus Wien stammende Willy Eisenschitz befasste sich auf dem in den 1940er-Jahren entstandenen Bild *Die Mäher* mit diesem Sujet.

Abseits künstlerischer Interpretationen hatte Brot in der Malerei lange Zeit auch eine ziemlich profane Funktion: Bevor es Radiergummis gab, entfernte man Bleistiftstriche mit Weißbrotkrumen – bis eben im Jahr 1770 der britische Ingenieur Edward Nairne, so geht die Legende, eine Brotkrume mit einem Stück Kautschuk verwechselte und den Vorläufer des Radiergummis „erfand". Malerinnen und Maler verwenden dennoch bis heute Weißbrot, um Kohle- oder Pastellzeichnungen aufzuhellen.

In der Malerei begannen sich bereits gegen Ende des 15. Jahrhunderts und vor allem in den Niederlanden einzelne „stille", also unbelebte Motive aus dem größeren Zusammenhang des biblischen Historienbildes auszugliedern. Noch ganz in einen solchen Zusammenhang integriert erscheint das Brötchen auf dem Tisch des Reichen im Bild *Der Reiche und der arme Lazarus*, das Frans Franckens d. J. um 1605 gemalt hat. Mit dem Aufkommen der Stilllebenmalerei als eigene Gattung wurde auch Brot ein selbstständiger Betrachtungsgegenstand. Bis in das 20. Jahrhundert sind es überwiegend religiöse Darstellungen, die das Sujet thematisieren, vor allem das Motiv des letzten Abendmahls oder als Allegorie christlicher Nächstenliebe.

Auch der in Frankfurt wirkende Stilllebenmaler Georg Flegel – der in den 1580er-Jahren in Linz eine Werkstätte betrieb – verweist in seinen Bildern wie *Stillleben mit Brot* von 1620 auf philosophisch-religiösen Bedeutungen, die von profanen Alltagsgegenständen ausgehen. In diesem Fall stehen Brot und Wein für das Fleisch und Blut Jesu Christi. Diese Symbolik findet sich unter anderem beim österreichischen Maler und Fotografen Ferdinand Küss (1800–1886). Der Absolvent der Wiener Akademie beschäftigte sich intensiv mit den niederländischen Meistern des 17. Jahrhunderts. Bei seinem Bild *Ländliche Mahlzeit* aus dem Jahre 1835 wird das bescheidene, aus Brot, Käse und Wein bestehende Mahl durch die Feinheit der Malerei und die ausgewogene Farbkomposition mit Erhabenheit aufgeladen. Bis ins 20. Jahrhundert herauf knüpfen so unterschiedliche Maler wie Josef Scharl oder der vom Neorealismus inspirierte Volker Stelzmann an die großen niederländischen Vorbilder an.

Gesteigerte Aufmerksamkeit haben Künstler dem Brot stets in Zeiten des Mangels gewidmet, so zum Beispiel in den Krisenjahren im und nach dem Ersten Weltkrieg. Ein beträchtlicher Teil der kritischen Kunst dieser Zeit thematisiert nicht nur Hunger und Not, sondern erhebt direkt Anklage gegen die Verursacher. Die stärksten und eindringlichsten Arbeiten zum Thema Brot stammen von Künstlern wie Otto Dix, George Grosz, Käthe Kollwitz, Ernst Barlach oder Max Beckmann.

Als eine Fortsetzung der Stilllebentradition „mit anderen Mitteln" lässt sich die in den 1950er-Jahren einsetzende Objektkunst auffassen, die unmittelbar aus dem modernen Konzept des „objet trouvé" oder der „Readymades" von Marcel Duchamp hervorgeht. Hier werden entweder Alltagsgegenstände oder deren Abgüsse, also nichtkünstlerische Objekte, als Kunst präsentiert.

↑ Käthe Kollwitz (1867–1945), *Brot!*, 1924. Die Lithografie ist eine der bekanntesten Arbeiten der Grafikerin, Malerin und Bildhauerin. Mit ihrem eindringlichen Werk prangert sie Hunger und Elend der Jahre nach dem Ersten Weltkrieg an

← Jean Hélion (1904–1987), *Tischgesellschaft von Broten*, 1952. Sein abstraktes Werk machte den Franzosen zu einem der führenden Modernisten. Hier sind es eben Brote, die sich auf und rund um einen Tisch versammelt haben

↓ Salvador Dalí (1904–1989), *Femme avec pain catalan*, 1932. Der Meister des Surrealismus machte auch vor Backwaren nicht halt. In seinem Spätwerk taucht Brot ebenso auf

FEIERABEND

↑ Gottlieb Theodor Kempf-Hartenkampf (1871–1964), *Feierabend*. Der
Wiener Maler und Illustrator ist für seine feine Detaildarstellung und die
raffinierte Lichtführung bekannt. Gedankenverloren sitzt hier ein Müller
im Abendlicht, zur Rechten erhebt sich die personifizierte Nacht, die
den Sternenhimmel über das Ambiente zu legen scheint

So erhalten die vertrauten, aus ihrem Zusammenhang gerissenen Dinge eine rätselhafte, beunruhigende oder mitunter gar mythische Dimension. Am Übergang von der Stilllebenmalerei zum Brot als Objekt steht Jean Hélions *Tischgesellschaft von Broten* von 1952, in dem die Backwaren in surrealer Weise eigenständige Persönlichkeiten zu entwickeln scheinen. Man Ray hingegen will mit seinem eingefärbten Baguette-Objekt *Blue Bread* (1960) wohl vor allem irritieren, überaus effektvoll trägt Salvador Dalís *Femme au pain* (1977) ein Weißbrot als bizarre Krone auf dem Kopf.

Durch neue Kunstrichtungen wie Pop-Art, Neuer Realismus (Nouveau Réalisme) oder Aktionskunst erfuhr Brot ab den 1960er- und 1970er-Jahren im Schaffensprozess der Künstler und Künstlerinnen einen grundlegenden Wandel. Die meisten verwendeten es nun auch als Werkstoff oder stellten es als Kunstobjekt in einen eigens geschaffenen Raum. Eine der bekanntesten Aktionen war 1961 jene des Eat-Art-Künstlers Daniel Spoerri: Der Schweizer buk für sein kontroversielles Werk *Catalogue Tabou* kurzerhand Müll in einem Brotteig. Ein anderes Mal platzierte er einen Laib ins Zentrum eines gedeckten Tischs, versehen mit dem Titel *eaten by nobody* – beides war und ist als Kritik an der Verschwendung von Lebensmitteln zu verstehen. Wie überhaupt sich die Gegenwartskunst immer wieder und mehr oder weniger drastisch der Entwertung des Grund-

↑ Daniel Spoerri (*1930), *eaten by nobody*. Der Schweizer setzt den Brotlaib ganz bewusst in den Mittelpunkt dieses Settings. Ein Grundnahrungsmittel als Anklage gegen die Verschwendung von Lebensmitteln

↑ Albert Paris Gütersloh (1887–1973), *Kaffeehausgespräch*, 1963. Das
Multitalent arbeitete als Maler, Dichter, Schauspieler und Regisseur. Der
spätere Professor für Malerei an der Wiener Akademie gilt als geistiger
Vater des Wiener Phantastischen Realismus

nahrungsmittels Nummer eins annimmt. Joseph Beuys' *DDR-Tüten* (1977–1980) sind vor diesem Hintergrund zu sehen. Die leere braune Brottüte soll das Nahrungsmittel mit seinem Warencharakter in Verbindung bringen. Der mythische Osten und der kapitalistisch-rationale Westen träfen, so Beuys, in und mit diesem Sackerl aufeinander. Für den weltberühmten, heute hoch gehandelten Aktionskünstler war das Werk höchstwahrscheinlich keine „brotlose Kunst".

In der Literatur hingegen wird immer wieder Klage darüber geführt, dass die „Kunst nur nach dem Brot gehet". Sei es in Gotthold Ephraim Lessings Trauerspiel *Emilia Galotti* (Uraufführung 1772) oder bei Heinrich Heine, sogar bei Martin Luther. Johann Wolfgang von Goethe hinterließ uns in seinem 1796 erschienenen Bildungsroman *Wilhelm Meisters Lehrjahre* eine heute vor allem in trübseligen Zeiten oft zitierte Verszeile: „Wer nie sein Brot mit Tränen aß ...". Friedrich Hölderlin indes besingt in seiner Elegie *Brot und Wein* (um 1800) das Brot „als der Erde Frucht, doch ists vom Lichte gesegnet". Die Gebrüder Grimm ließen Hänsel und Gretel im gleichnamigen Märchen eine Spur aus Krümeln legen, um aus dem Wald zu finden (was bekanntlich schiefgegangen ist), und thematisierten Brot in weiteren Erzählungen wie zum Beispiel *Die Sterntaler*. Auch Hans Christian Andersen rückte es in seiner Geschichte vom *Mädchen, das auf das Brot trat, um sich die Schuhe nicht zu beschmutzen* in den Mittelpunkt der Erzählung. Populär und nicht minder legendär ist Wilhelm Buschs *Max und Moritz*, in der die Strolche von einem Bäcker in Teig eingebacken werden. Zwar überleben die beiden, am Schluss der Geschichte jedoch werden Max und Moritz in einer Mühle zerschrotet und enden als Entenfutter. Weniger bekannt ist indes, dass Busch in seinem Gedicht *Das Brot* die Kunst des Backens hochleben lässt. Hier wird aus der Sicht eines Weizenkorns erzählt, wie Getreide zu Brot verarbeitet wird:

↑ Joseph Beuys (1921–1986), *DDR-Tüten*, 1977–1980. Der Aktionskünstler setzte sich in seinem Werk immer wieder mit Humanismus und Sozialphilosophie auseinander. Hier steht die leere Brottüte für die Widersprüche zwischen Ost und West

↑ Lisa Klein (*1958), *Kaisersemmel*, 2013. Die Wiener Künstlerin fokussiert in ihrer Serie *Hyper-realistic Paintings* die einfachen Dinge des Lebens und erlöst sie so aus ihrem Schattendasein

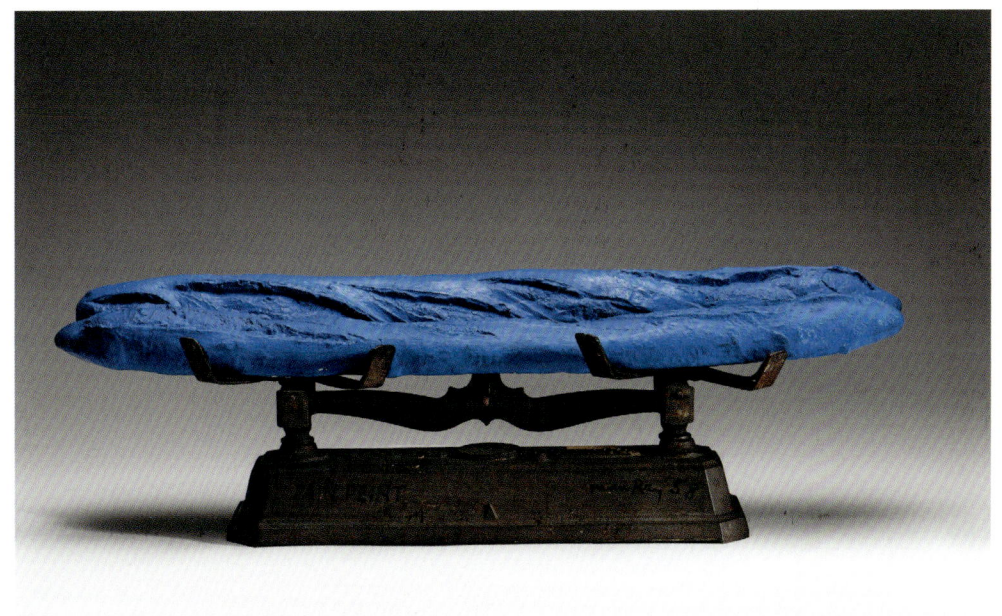

↑ Man Ray (1890–1976), *Blue Bread*, 1960. Der Surrealist setzte sich über Jahre hinweg mit blau bemaltem Brot auseinander. Eine ironische Intervention, die, so eine Interpretation, das scheinbar Banale wieder in den Blickpunkt rücken soll

„… Ein Esel trug uns nach der Mühle.
Ich sage dir, das sind Gefühle,
Wenn man, zerrieben und gedrillt
Zum allerfeinsten Staubgebild,
Sich kaum besinnt und fast vergißt,
Ob Sonntag oder Montag ist.
Und schließlich schob der Bäckermeister,
Nachdem wir erst als zäher Kleister
In seinem Troge baß gehudelt,
Vermengt, geknetet und vernudelt,
Uns in des Ofens höchste Glut.
Jetzt sind wir Brot. Ist das nicht gut?
Frischauf, du hast genug, mein Lieber,
Greif zu und schneide nicht zu knapp,
Und streiche tüchtig Butter drüber,
Und gib den andern auch was ab!"

Ähnlich wie in der Malerei spielte Brot auch in vielen literarischen Werken der ersten Jahre nach dem Zweiten Weltkrieg eine tragende Rolle. Ein typisches Beispiel der „Trümmerliteratur" ist die Kurzgeschichte *Das Brot* des deutschen Schriftstellers Wolfgang Borchert. Sie wurde 1946 erstmals veröffentlicht und mehrmals verfilmt. Der in Zeiten des Hungers mithilfe einer Lüge getarnte, heimliche Verzehr einer Scheibe Brot wächst sich für ein Paar zur Vertrauensfrage aus und wird so zum Symbol des Selbsterhaltungstriebes und Auslöser eines Konfliktes. Ebenfalls in den Nachkriegsjahren erschien 1955 Heinrich Bölls Erzählung *Das Brot der frühen Jahre*. Für den jungen Kriegsheimkehrer Walter ist nichts wichtiger, als genug davon zu haben. Es ist für ihn sogar Sinnbild der Humanität und Maßeinheit: Der Protagonist bewertet Menschen danach, wie sehr sie es schätzen und bereit sind, es mit anderen zu teilen.

Auch wenn Brot in vielen Kulturkreisen nach wie vor als Symbol für Nahrung an sich angesehen wird, hat es einen zumindest in den Industrienationen einen Bedeutungswandel vollzogen. Es dient nicht mehr allein dazu, Not und Hunger zu stillen,

↑ Wilhelm Busch (1832–1908), *Max und Moritz*. 1865 erstmals veröffentlicht, wurde die Bubengeschichte in sieben Streichen zum Welterfolg. Heute pädagogisch nicht mehr ganz so bekömmlich, ist das Werk dennoch ein Klassiker

sondern wird für viele als Selbstverständlichkeit angesehen. Eine Haltung, die bis vor einigen Jahrzehnten unvorstellbar schien und die angesichts der Krisen in unserer Welt immer wieder überprüft werden sollte. Brot ist keine Selbstverständlichkeit, es ist ein Kulturgut, ein Wert an sich, den es zu achten gilt. Nicht ohne Grund hat es kraft seiner historischen Bedeutung für das (Über-)Leben der Menschheit einen festen Platz in unserer Sprache gefunden. Etwa in dem Wort „Kumpan", das seine Wurzeln im Lateinischen „cum panis" („mit Brot") hat, und sich folglich auf jemanden bezieht, mit dem man sein Brot teilt. Oder in Redewendungen wie „In Lohn und Brot stehen", „Wes Brot ich ess, des Lied ich sing", „Sein Brot verdienen" oder eben „Brotlose Kunst". Letztere mag zwar nicht immer besonders einträglich sein. Brotlos ist sie jedoch mit Blick auf die Geschichte der Malerei und Literatur gewiss nicht.

↑ Franz von Matsch (1861–1942), *Die letzte Kaisersemmel*, 1914. Der Wiener war Studienkollege von Gustav und Ernst Klimt. Geradezu visionär scheint er hier das Ende einer Ära vorwegzunehmen

Dank

Bereits seit Längerem hat mich der Gedanke beschäftigt, die 50 fünfzig Jahre von Ströck-Brot in einem Buch festzuhalten. In dieser Zeit habe ich mit meiner Familie sowie mit einigen Freunden und Bekannten viel darüber diskutiert. Vor allem fragte ich mich, wen diese Firmen- und Familiengeschichte überhaupt interessieren sollte.

Wenn man selbst so unmittelbar in den Aufbau eines Unternehmens und in die tägliche Arbeit involviert ist, verliert man rasch das Gefühl dafür, was in größeren Zusammenhängen tatsächlich bedeutsam und erzählenswert ist – und was bloß eine Begebenheit oder eine kleine, im Familienkreis weitergereichte Anekdote ist. Und wenn ich ehrlich bin: Ich wollte mir – und meiner Familie – die dafür notwendige Arbeit lange nicht antun.

Doch plötzlich, an einem Sonntagnachmittag, hatte ich unglaublich viele Gründe, dieses Buch doch zu machen. Sie heißen Pia, Maximilian, Ella, Isabella und Theo – meine Enkelkinder. Mit ihnen gemeinsam stand ich an jenem Nachmittag in der Küche und buk mit ihnen Marmorkuchen. Dabei fand ich mich regelrecht umzingelt von den Mädchen und Buben, alle wollten dem Opa zur Hand gehen, und nicht nur ein Mal rief währenddessen eines der Kinder aus: „Ich will auch Bäcker werden!"

So wie ich einst in einer Bäckerfamilie aufwuchs und mich von Anfang an für dieses Handwerk begeisterte, so scheint es auch in der vierten Generation einige kräftige Stimmen zu geben, die sich später einmal in unserem Familienbetrieb einbringen wollen. Von diesem Tag an wusste ich, dass ich diese, unsere Geschichte und Geschichten tatsächlich versammeln will – und für wen dieses Buch einmal Rückschau und Inspiration gleichermaßen sein könnte. Ein Buch, das nicht zuletzt in die Zukunft von Ströck-Brot blickt, die – vielleicht einmal – von jenen Jungbäckern und Jungbäckerinnen mitgestaltet wird, mit denen ich gemeinsam an diesem Sonntagnachmittag in der Backstube aus Mehl, Butter, Eiern und Kakaopulver einen einfachen, aber in vielerlei Hinsicht unvergesslichen Marmorkuchen gebacken habe.

Ich bedanke mich bei Nikolaus Brandstätter, der dieser Idee stets mit großem Interesse gegenüberstand, sowie bei Lektor Stefan Schlögl für dessen schnelle, gute Arbeit – und dafür, dass er stets das Positive in den Mittelpunkt rückt. Autor Reinhard Göweil möchte ich ebenfalls ein großes Dankeschön dafür sagen, Sprache so gekonnt in druckreife Zeilen gebracht zu haben. Für die wunderbaren Fotos zeichnet Lois Lammerhuber verantwortlich, die vielen Stunden gemeinsam mit ihm in unserer Backstube waren eine überaus anregende Zeit. Mit Jürgen Ehrmann habe ich bereits zwei Ströck-Backbücher geschrieben, nun hat er sein Wissen über Kunst und Kultur rund um das Thema Brot und Brotbacken in einem überaus interessanten Essay ausgebreitet.

Erich Götzinger begleitet mich seit 20 Jahren durchs Berufsleben, gemeinsam haben wir viele tolle Events „gebacken", vor allem aber war er maßgeblich am Aufbau unseres Sport-Sponsorings beteiligt. Ein Engagement, über das ich viele spannende Sportlerinnen und Sportler kennen lernen durfte, deren Persönlichkeit und Motivation wiederum mich inspiriert haben. Ich bedanke mich bei allen für diese Kooperationen, die für mich und meine Familie mehr waren als reine Sponsor-Beziehungen.

Ganz besonders bedanke ich mich natürlich bei allen Mitarbeiterinnen und Mitarbeitern, die täglich ihr Bestes geben, um unsere Kundinnen und Kunden sieben Tage die Woche, von früh bis spät, zufriedenzustellen und mit ihrem Einsatz unser Unternehmen wirtschaftlich gesund erhalten.

Jeder Betrieb ist so gut wie seine Geschäftspartner: Ein großes Dankeschön an unsere verlässlichen Partner im Handel und unsere treuen Lieferanten für die teils jahrzehntelange Zusammenarbeit. Auch hier haben sich tragfähige Beziehungen entwickelt, die weit über die bloße Geschäftstätigkeit hinausgehen.

All das wäre ohne meine Familie nicht möglich gewesen: Ich bedanke mich bei meinen Bruder Robert, der nicht zuletzt großen Anteil hatte, die schwierigen Anfangsjahre zu meistern. Ebenso bedanke ich mich bei seiner Frau, meiner Schwägerin Irene, für die langjährige, wertvolle Zusammenarbeit. Was meine

Söhne Michael, Philipp und Christoph für das Familienunternehmen geleistet haben und leisten, wurde auf den vorangegangenen Seiten bereits beschrieben. Hier nur so viel: Es macht mich glücklich, solch wunderbare Kinder zu haben. Nicht zuletzt bedanke ich bei meinen Schwiegertöchtern, die den Alltag und die Arbeit in einem Familienbetrieb mittragen – und mir neben dieser die vielleicht größte Freude bereitet haben: meine Enkelkinder.

Bei meiner liebsten Gaby bedanke ich mich für ihr Engagement und ihren Einsatz bei der täglichen, gemeinsamen Arbeit und für ihre unglaubliche Geduld, mit der sie mich manchmal erträgt – und dafür, mir seit über 40 Jahren in großer Liebe zur Seite zu stehen.

Gerhard Ströck

Impressum

Liebe Leserin, lieber Leser! Hat Ihnen dieses Buch gefallen? Wollen Sie weitere Informationen zum Thema? Wir freuen uns auf Austausch und Anregung!

Christian Brandstätter Verlag GmbH & Co KG
Wickenburggasse 26, 1080 Wien
E-Mail: leserbrief@brandstaetterverlag.com
Tel: (0043) 1 512 15 43 256

Wir sagen Danke.
Bleiben wir in Verbindung!
Lassen Sie sich inspirieren!
Gute Geschichten, schöne Geschenkideen auf
www.brandstaetterverlag.com

TEILEN MACHT GLÜCKLICH
facebook.com/Brandstaetter.Verlag

1. Auflage
Alle Rechte vorbehalten

Copyright © 2020 by Christian Brandstätter Verlag, Wien
Druck: Riedeldruck GmbH, 2214 Auersthal
Bindearbeiten: G.G. Buchbinderei GmbH, 2020 Hollabrunn
Designed and printed in Austria

978-3-7106-0482-9

Autoren: Jürgen Ehrmann, Erich Götzinger, Reinhard Göweil
Mit Fotografien von Lois Lammerhuber

Covergestaltung & Satz: Caroline Plank-Bachselten, Buero Blank
Lektorat Brandstätter Verlag: Stefan Schlögl